# CONTENTS

# FPGA/PLD

アーカイブスシリーズ
Archives Series

[2200頁収録CD-ROM付き]

## ■ 付属CD-ROMの使い方 ……………………………………………………… 2

## ■ CD-ROM収録記事一覧 ……………………………………………………… 4

## ■ 基礎知識 ………………………………………………………………… 執筆：三上廉司

第1章　プログラムを可能にする仕組みと活用法
　　　　**FPGA/PLDの構造** ……………………………………………………… 13

第2章　開発ツールとハードウェア記述言語
　　　　**FPGAのための論理設計手法** ………………………………………… 21

## ■ 記事ダイジェスト ……………………………………………… 執筆：三上廉司・編集部

第3章　FPGA/PLDを使い始めるための基礎知識
　　　　**FPGA&開発ツール入門** ……………………………………………… 26

第4章　小規模な回路を記述して動作させる
　　　　**FPGA設計入門** ………………………………………………………… 36

第5章　文法と回路記述の基本
　　　　**HDLによるLSI設計** …………………………………………………… 46

第6章　プロセッサ機能の設計と応用
　　　　**IPコア活用** ……………………………………………………………… 51

第7章　高速・低消費電力回路向きで学習環境としても適する
　　　　**CPLD設計** ……………………………………………………………… 54

第8章　周辺回路からシステムまで
　　　　**設計事例** ………………………………………………………………… 63

| 掲載号 | タイトル | シリーズ | ページ | PDFファイル名 |
|---|---|---|---|---|
| 4月号 | 2005年1月号付属FPGA基板を使って"演算当てゲーム"を作る<br>**HDLによるLSI設計を体験する** | 特集1 無償ツールでデバイス&システム設計の全工程を体験（第1章） | 15 | dw2005_04_024.pdf |
| | 2005年1月号付属FPGA基板をリバース・エンジニアリング<br>**プリント基板開発を体験する** | 特集1 無償ツールでデバイス&システム設計の全工程を体験（第2章） | 21 | dw2005_04_039.pdf |
| 5月号 | エンジニアとしての心構えと身に付けるべき技術<br>**ようこそFPGA/ASIC設計の世界へ！** | 特集1 ザ・新人研修！《FPGA/ASIC設計編》（第1章） | 8 | dw2005_05_022.pdf |
| | LSIの設計でもシステム設計の考えかたが重要<br>**FPGA/ASIC開発の流れを理解する** | 特集1 ザ・新人研修！《FPGA/ASIC設計編》（第2章） | 9 | dw2005_05_030.pdf |
| 7月号 | **プログラマブル・デバイスで論理設計を学ぼう** | 連載 FPGAで学ぶVerilog HDL（第1回） | 7 | dw2005_07_113.pdf |
| 10月号 | 10年近い紆余曲折を経て、ようやく日の目を見た"大器晩成"技術<br>**今，フラッシュFPGAが求められている理由** | 特集2 フラッシュFPGAの評価&導入事例（第1章） | 7 | dw2005_10_088.pdf |
| | セキュリティ機能に期待，デバイス乗り換えがある場合は設計入力に注意<br>**最新のフラッシュFPGAを動かしてみた** | 特集2 フラッシュFPGAの評価&導入事例（第3章） | 11 | dw2005_10_102.pdf |
| | 購買担当者から見たデバイス選定条件<br>**フラッシュFPGAを採用した理由《Latticeデバイス編》** | 特集2 フラッシュFPGAの評価&導入事例（第4章） | 4 | dw2005_10_113.pdf |
| | **LEDを点滅させる** | 連載 FPGAで学ぶVerilog HDL（第2回） | 5 | dw2005_10_130.pdf |
| 11月号 | **180秒のタイマを作る** | 連載 FPGAで学ぶVerilog HDL（第3回） | 6 | dw2005_11_117.pdf |
| 2006年<br>2月号 | **ディジタル時計を作る** | 連載 FPGAで学ぶVerilog HDL（第4回） | 5 | dw2006_02_135.pdf |
| 10月号 | 振幅調整やインピーダンス調整，伝送規格への対応が可能<br>**FPGAのI/O端子を理解して使っていますか** | 特集2 高機能デバイスの端子周りで生じるトラブル対処法（第1章） | 4 | dw2006_10_094.pdf |
| 2007年<br>3月号 | 不具合をなくし開発期間を短縮するために<br>**LSI開発における検証の重要性を考える** | 特集1 無償ツールでLSIの設計と検証を体験（第1章） | 7 | dw2007_03_020.pdf |
| | ISE Simulator活用チュートリアル<br>**FPGA開発ツールでシミュレーションを体験する《Xilinx編》** | 特集1 無償ツールでLSIの設計と検証を体験（第3章） | 5 | dw2007_03_032.pdf |
| | ModelSim活用チュートリアル<br>**専用ツールによる本格的シミュレーションを体験する** | 特集1 無償ツールでLSIの設計と検証を体験（第4章） | 10 | dw2007_03_037.pdf |
| | Active-HDL活用チュートリアル<br>**統合開発環境で設計から検証までを体験する** | 特集1 無償ツールでLSIの設計と検証を体験（第5章） | 19 | dw2007_03_047.pdf |
| 4月号 | **全加算器をHDLで設計してみよう** | 連載 基礎から学ぶVerilog HDL & FPGA設計（第1回） | 10 | dw2007_04_105.pdf |
| 6月号 | **4ビット加算器を設計しよう** | 連載 基礎から学ぶVerilog HDL & FPGA設計（第2回） | 6 | dw2007_06_128.pdf |
| 7月号 | プログラマブルなLSIを実現するしくみとアプリケーションを理解する<br>**FPGAの基礎知識** | 特集 付属FPGA基板を使った回路設計チュートリアルPart3（第1章） | 3 | dw2007_07_032.pdf |
| | 搭載部品，オプション部品，使い方<br>**付属FPGA基板の概要** | 特集 付属FPGA基板を使った回路設計チュートリアルPart3（第2章） | 6 | dw2007_07_035.pdf |
| | 論理ブロックと専用機能ブロック<br>**Spartan-3Eファミリの概要** | 特集 付属FPGA基板を使った回路設計チュートリアルPart3（第3章） | 9 | dw2007_07_041.pdf |
| | XC3S250E活用チュートリアル<br>**FPGA開発ツールの使い方** | 特集 付属FPGA基板を使った回路設計チュートリアルPart3（第4章） | 10 | dw2007_07_050.pdf |
| | **ISE WebPACKのインストール** | 特集 付属FPGA基板を使った回路設計チュートリアルPart3（Appendix） | 6 | dw2007_07_060.pdf |
| | 無償で使えるIPコアを使って手軽に作る<br>**簡易信号発生器の製作** | 特集 付属FPGA基板を使った回路設計チュートリアルPart3（第5章） | 5 | dw2007_07_066.pdf |
| | ソフトウェア無線でディジタル放送やFMラジオ放送を聞く<br>**無線受信機の製作** | 特集 付属FPGA基板を使った回路設計チュートリアルPart3（第6章） | 15 | dw2007_07_071.pdf |
| | CMOSイメージ・センサで読み込んだ画像のエッジ検出を行う<br>**画像処理回路の製作** | 特集 付属FPGA基板を使った回路設計チュートリアルPart3（第7章） | 9 | dw2007_07_086.pdf |
| | メモリ・カードのWAVファイルを再生する<br>**ディジタル・オーディオ・プレーヤの製作** | 特集 付属FPGA基板を使った回路設計チュートリアルPart3（第8章） | 11 | dw2007_07_095.pdf |
| | ターゲット機能を実装してパソコン用拡張ボードとして使う<br>**PCIインターフェース回路の製作** | 特集 付属FPGA基板を使った回路設計チュートリアルPart3（第9章） | 8 | dw2007_07_106.pdf |
| 8月号 | **マルチプレクサと算術論理演算回路** | 連載 基礎から学ぶVerilog HDL & FPGA設計（第3回） | 5 | dw2007_08_129.pdf |
| 10月号 | FPGAで動かすレトロ調ゲーム<br>**ブロック崩しゲームの製作** | 特集2 FPGA基板で始める画像処理回路入門 Part2（第3章） | 5 | dw2007_10_080.pdf |
| | **順序回路の設計フリップフロップとカウンタ** | 連載 基礎から学ぶVerilog HDL & FPGA設計（第4回） | 6 | dw2007_10_117.pdf |
| 11月号 | 汎用フラッシュ・メモリを利用できるコンフィグレーション制御回路を作る<br>**FPGAのコンフィグレーション基礎知識《Altera編》** | 特集2 FPGAを動かすための基礎知識（第1章） | 12 | dw2007_11_064.pdf |

| 掲載号 | タイトル | シリーズ | ページ | PDFファイル名 |
|---|---|---|---|---|
| 11月号 | マスタ・シリアル・モードの詳細とトラブル対策<br>**FPGAのコンフィグレーション基礎知識《Xilinx編》** | 特集2 FPGAを動かすための基礎知識（第2章） | 11 | dw2007_11_076.pdf |
| | **ステート・マシンの設計** | 連載 基礎から学ぶVerilog HDL & FPGA設計（第5回） | 5 | dw2007_11_087.pdf |
| 2008年<br>1月号 | **スタックの設計** | 連載 基礎から学ぶVerilog HDL & FPGA設計（第6回） | 4 | dw2008_01_115.pdf |
| 2月号 | Impulse Accelerated Technologies社のハードウェア/FPGA設計ツール「ImpulseC/CoDeveloper」<br>**ANSI C言語によるハードウェア設計を体験する** | 特集 無償ツールで設計効率の向上を体験（第1章） | 13 | dw2008_02_056.pdf |
| 3月号 | 多くの種類の電源端子があり回路設計にも注意が必要<br>**FPGAのための電源設計基礎知識《Altera編》** | 特集2 FPGAを動かすための基礎知識Part.2（第1章） | 4 | dw2008_03_062.pdf |
| | **FPGA電源端子一覧《Xilinx 編》** | 特集2 FPGAを動かすための基礎知識Part.2（Appendix） | 1 | dw2008_03_066.pdf |
| | ディジタル回路設計者でも知っておきたい基礎知識<br>**FPGAユーザのための電源回路設計** | 特集2 FPGAを動かすための基礎知識Part.2（第2章） | 5 | dw2008_03_067.pdf |
| | DC-DCモジュール，スイッチング・レギュレータ，リニア・レギュレータの活用<br>**FPGA向け電源回路設計事例集** | 特集2 FPGAを動かすための基礎知識Part.2（第3章） | 22 | dw2008_03_072.pdf |
| | **チャタリング除去回路とLCD制御回路** | 連載 基礎から学ぶVerilog HDL & FPGA設計（第7回） | 7 | dw2008_03_116.pdf |
| 4月号 | FPGA/ASICの特徴と開発フロー<br>**カスタムLSIの作り方** | 特集1 自分専用のLSIを作る！（第1章） | 14 | dw2008_04_020.pdf |
| | 機器メーカによる開発方法と設計事例<br>**FPGA搭載SiPでオリジナルLSIを作る** | 特集1 自分専用のLSIを作る！（第4章） | 11 | dw2008_04_047.pdf |
| 5月号 | **分散RAMとブロックRAM** | 連載 基礎から学ぶVerilog HDL & FPGA設計（第8回） | 6 | dw2008_05_157.pdf |
| | フラッシュの次を担うのはフラッシュかそれとも…<br>**フラッシュ・メモリの高速化技術と最新の不揮発性メモリの動向** | | 12 | dw2008_05_145.pdf |
| 9月号 | **CPUを作ろう（1）基本アーキテクチャの設計** | 連載 基礎から学ぶVerilog HDL & FPGA設計（第10回） | 6 | dw2008_09_149.pdf |
| 10月号 | 第一線のエンジニアが愛用している回路が大集合！<br>**開発期間短縮のために設計資産を活用しよう** | 特集1 CPLD/FPGA活用回路＆サンプル記述集（Prologue） | 2 | dw2008_10_028.pdf |
| | 任意波形生成回路や数値制御型発振器，マルチプレクサなど<br>**アナログ信号入出力回路** | 特集1 CPLD/FPGA活用回路＆サンプル記述集（第1章） | 7 | dw2008_10_030.pdf |
| | ステッピング・モータやブラシレス・モータ，白色LEDの駆動回路など<br>**モータやLEDを駆動するパワー回路** | 特集1 CPLD/FPGA活用回路＆サンプル記述集（第2章） | 14 | dw2008_10_037.pdf |
| | ビデオ・タイミング・ジェネレータや画像の重ね合わせ回路，ノイズ除去回路など<br>**ビデオ信号処理回路** | 特集1 CPLD/FPGA活用回路＆サンプル記述集（第3章） | 29 | dw2008_10_051.pdf |
| | 安定動作のための回路 コンフィグレーション・データを格納したフラッシュ・メモリの書き換えなど<br>**安定動作のための回路** | 特集1 CPLD/FPGA活用回路＆サンプル記述集（第4章） | 7 | dw2008_10_080.pdf |
| 11月号 | 「コンフィグ完了≠FPGAが使用できる状態」って知っていましたか？<br>**コンフィグレーションを理解してFPGAを"確実"に動かそう** | 重点企画 FPGAのための実用技術 | 9 | dw2008_11_085.pdf |
| | **CPUの設計（2）Verilog HDLによる記述** | 連載 基礎から学ぶVerilog HDL & FPGA設計（第11回） | 6 | dw2008_11_119.pdf |
| 12月号 | **CPUの設計（3）FPGAによる動作確認** | 連載 基礎から学ぶVerilog HDL & FPGA設計（第12回） | 5 | dw2008_12_088.pdf |
| 12月号 | **2ポートSRAMを利用し非同期クロック間のデータ送受信用FIFOを作成** | コラム FPGA・CPLD設計ノート | 2 | dw2008_12_140.pdf |
| 2009年<br>1月号 | **アセンブラの設計** | 連載 基礎から学ぶVerilog HDL & FPGA設計（第13回） | 6 | dw2009_01_099.pdf |
| 2月号 | SiliconBlue社「iCE65」レビュー<br>**新興ベンダの不揮発性低消費電力FPGAを使ってみた** | | 8 | dw2009_02_085.pdf |
| 3/4月号 | **コンパイラの設計（2）** | 連載 基礎から学ぶVerilog HDL & FPGA設計（第15回） | 6 | dw2009_03_04_107.pdf |

■Interface

| 掲載号 | タイトル | シリーズ | ページ | PDFファイル名 |
|---|---|---|---|---|
| 2001年<br>11月号 | システム開発における必須知識<br>**CPLD/FPGAの基礎** | 特集 作りながら学ぶシステム構築入門（第1章） | 12 | if_2001_11_063.pdf |
| | FLEX10KE評価キットとSpartan-II評価キットを活用しよう！<br>**CPLD/FPGA評価キットの特徴と開発ツールのセットアップ方法** | 特集 作りながら学ぶシステム構築入門（第2章） | 12 | if_2001_11_075.pdf |
| | 論理合成ツールと配置配線ツールの操作方法<br>**CPLD/FPGA開発ツールの使い方** | 特集 作りながら学ぶシステム構築入門（第3章） | 17 | if_2001_11_087.pdf |
| | Verilog-HDLでシステムを記述する<br>**HDL記述によるアラーム機能付きディジタル時計の設計/製作** | 特集 作りながら学ぶシステム構築入門（第4章） | 13 | if_2001_11_104.pdf |

**FPGA/PLD入門記事全集**

| 掲載号 | タイトル | シリーズ | ページ | PDFファイル名 |
|---|---|---|---|---|
| 11月号 | FPGAでCPUを動かしてみる<br>**CPUコアIPを使ったアラーム機能付きディジタル時計の設計/製作** | 特集 作りながら学ぶシステム構築入門（第5章） | 14 | if_2001_11_117.pdf |
| 2004年<br>6月号 | RCサーボ制御信号発生回路をCPLDで構成した<br>**二足歩行ロボットの制御回路の設計** | 特集 ようこそ二足歩行ロボット制御の世界へ（第2章） | 19 | if_2004_06_060.pdf |
| | ロボット技術者のためのロジック設計入門<br>**CPLDを使用したRCサーボ信号発生回路の設計** | 特集 ようこそ二足歩行ロボット制御の世界へ（第3章） | 14 | if_2004_06_081.pdf |
| | **CPLDの開発言語はなにを使うべきか…ABEL vs VHDL** | 特集 ようこそ二足歩行ロボット制御の世界へ（Appendix 2） | 2 | if_2004_06_094.pdf |
| 2005年<br>6月号 | CPUも周辺回路もメモリも1チップで実現する<br>**SoC時代のシステム設計の現状** | 特集 やってみよう！FPGAシステム設計入門（プロローグ） | 7 | if_2005_06_040.pdf |
| | PAL/GALからCPLD/FPGAへ，その特徴から開発手順の概要まで<br>**プログラマブル・デバイスって何だろう** | 特集 やってみよう！FPGAシステム設計入門（第1章） | 6 | if_2005_06_047.pdf |
| | **VHDL＆Verilog-HDL入門** | 特集 やってみよう！FPGAシステム設計入門（Appendix 1） | 6 | if_2005_06_053.pdf |
| | マイコン周辺コントローラをFPGAで作ってみよう<br>**FPGAによるシリアル・コントローラの設計事例** | 特集 やってみよう！FPGAシステム設計入門（第2章） | 20 | if_2005_06_059.pdf |
| | Cycloneデバイス＋ソフトCPUコアNiosによる<br>**FPGAによる3Dグラフィックス表示システムの設計事例** | 特集 やってみよう！FPGAシステム設計入門（第3章） | 8 | if_2005_06_079.pdf |
| | **Niosを使うための開発ツールSOPCビルダの使い方** | 特集 やってみよう！FPGAシステム設計入門（Appendix 2） | 4 | if_2005_06_087.pdf |
| | Virtexデバイス＋ソフトCPUコアMicroBlazeによる<br>**FPGAによるMP3プレーヤの設計事例** | 特集 やってみよう！FPGAシステム設計入門（第4章） | 21 | if_2005_06_091.pdf |
| | デバイスの内部信号を自在に観測できるFPGAアナライザ<br>**FPGA実機デバッグのための最新ツールの概要** | 特集 やってみよう！FPGAシステム設計入門（第5章） | 10 | if_2005_06_112.pdf |
| | **ロジック回路シミュレーションの実際** | 特集 やってみよう！FPGAシステム設計入門（Appendix 3） | 4 | if_2005_06_122.pdf |
| 2006年<br>1月号 | FPGAを使った実践的システム設計の世界へようこそ<br>**こうして"コンピュータ・システム技術学習キット"は完成した！** | 特集 FPGAを活用した組み込みシステム設計入門（Prologue） | | if_2006_01_052.pdf |
| | シフト・レジスタの基本とシリアル-パラレル変換技法<br>**シリアルI/Oコントローラ設計入門** | 特集 FPGAを活用した組み込みシステム設計入門（第1章） | 14 | if_2006_01_054.pdf |
| | 通信クロックの生成からスタート・ビットの検出ノウハウまで<br>**調歩同期式シリアル・コントローラ設計入門** | 特集 FPGAを活用した組み込みシステム設計入門（第2章） | 12 | if_2006_01_068.pdf |
| | メモリ・マップやレジスタ・マップ，レジスタ制御方法を決める<br>**I/Oモジュールとシステム・バスの接続技法** | 特集 FPGAを活用した組み込みシステム設計入門（第3章） | 15 | if_2006_01_080.pdf |
| | 32ビット幅のシステム・バスへPS/2ホスト・コントローラを接続<br>**PS/2ホスト・コントローラの設計事例と補足説明** | 特集 FPGAを活用した組み込みシステム設計入門（Appendix 1） | 5 | if_2006_01_095.pdf |
| | 同期信号をいかに正確に生成するかが重要な<br>**アナログRGBビデオ出力回路設計入門** | 特集 FPGAを活用した組み込みシステム設計入門（第4章） | 9 | if_2006_01_100.pdf |
| | FIFOを使ってプリフェッチとバースト転送を活用する<br>**SDRAM対応グラフィックス・コントローラ設計入門** | 特集 FPGAを活用した組み込みシステム設計入門（第5章） | 9 | if_2006_01_109.pdf |
| | 評価キット新製品 近日登場予定!!<br>**『コンピュータ・システム技術学習キット』の全貌** | 特集 FPGAを活用した組み込みシステム設計入門（Appendix 2） | 6 | if_2006_01_118.pdf |
| | MicroBlazeも普通のCPUと同じ！gccを用意できる!!<br>**MicroBlaze用クロス・コンパイル環境の構築技法** | 特集 FPGAを活用した組み込みシステム設計入門（第6章） | | if_2006_01_124.pdf |
| 2月号 | **学習キットの各部の構成** | 連載 コンピュータ・システム技術学習キット活用通信（第1回） | 5 | if_2006_02_134.pdf |
| 3月号 | FPGAのブロックRAMを使ったバッファリング機構を搭載<br>**FPGAによるMMCカード・コントローラの設計事例** | 特集 フラッシュ・メモリ・カードの組み込み機器への活用（第4章） | 12 | if_2006_03_081.pdf |
| 2008年<br>6月号 | **オプションCPUカードSH-4A（SH7780）の設計** | 連載 組み込みシステム開発評価キット活用通信（第16回） | 13 | if_2008_06_159.pdf |
| | USBだけじゃない！CompactFlashやMMCカードを読み書きできる！LANにもつながる！<br>**FRマイコンから拡張ベースボードを制御する** | 特集 遊びながら学ぶUSBマイコン応用開発（第6章） | 8 | if_2008_06_100.pdf |
| 2009年<br>9月号 | なぜ，ソフトウェア技術者にFPGAの知識が必要なの？<br>**組み込み業界必須の知識 ～FPGAとVHDL/Verilog HDL～** | 特集 ソフトウェア技術者のためのFPGA入門（プロローグ） | 2 | if_2009_09_056.pdf |
| | ハードウェア・プログラミングを始める第一歩<br>**ソフトウェアとハードウェアの関係を理解する** | 特集 ソフトウェア技術者のためのFPGA入門（第1章） | 6 | if_2009_09_058.pdf |
| | ハードウェアをプログラムする基本ルールを習得する<br>**VHDLとVerilog HDLの基礎概念と文法** | 特集 ソフトウェア技術者のためのFPGA入門（第2章） | 12 | if_2009_09_064.pdf |
| | ハードウェアの合成や配置配線はツールにお任せ！<br>**FPGA開発の流れと開発ツールの使い方** | 特集 ソフトウェア技術者のためのFPGA入門（第3章） | 12 | if_2009_09_076.pdf |
| | FPGAの開発環境はインターネット経由で手軽に無償で手に入る！<br>**FPGA開発ツールをインストールしよう** | 特集 ソフトウェア技術者のためのFPGA入門（Appendix 1） | 6 | if_2009_09_088.pdf |
| | シミュレーション・ソフトウェアModelSimを使ってみよう！<br>**ハードウェアの動作をパソコンで解析する** | 特集 ソフトウェア技術者のためのFPGA入門（第4章） | 10 | if_2009_09_094.pdf |

| 掲載号 | タイトル | シリーズ | ページ | PDFファイル名 |
|---|---|---|---|---|
| 9月号 | シミュレーション専門ツールが無償で使える！<br>**ModelSimのインストール方法** | 特集 ソフトウェア技術者のためのFPGA入門（Appendix 2） | 6 | if_2009_09_104.pdf |
| | カウンタ，合計値計算モジュール，7セグメントLEDの点灯制御，乱数生成器，シリアル通信モジュール<br>**VHDL/Verilog HDLの基本プログラム集** | 特集 ソフトウェア技術者のためのFPGA入門（第5章） | 9 | if_2009_09_110.pdf |
| | 大規模ハードウェア・プログラミングへの第一歩<br>**ステート・マシンとモジュール化，階層設計を取り入れる** | 特集 ソフトウェア技術者のためのFPGA入門（第6章） | 9 | if_2009_09_119.pdf |
| | ハードウェア・プログラミングと現実世界の橋渡し<br>**FPGAを動作させるために必要な知識** | 特集 ソフトウェア技術者のためのFPGA入門（Appendix 3） | 2 | if_2009_09_128.pdf |
| | 小さなモジュールを組み合わせて開発する<br>**FPGAでリバーシ・プレーヤを作ろう！** | 特集 ソフトウェア技術者のためのFPGA入門（第7章） | 8 | if_2009_09_130.pdf |
| | パソコンにパラレル・ポートがなくても大丈夫！<br>**マルチベンダ対応のUSB-JTAG書き込みケーブルは便利！** | 特集 ソフトウェア技術者のためのFPGA入門（Appendix 4） | 1 | if_2009_09_138.pdf |

■トランジスタ技術

| 掲載号 | タイトル | シリーズ | ページ | PDFファイル名 |
|---|---|---|---|---|
| 2001年<br>5月号 | **21世紀のロジック回路設計シーン** | 特集 やってみよう！ディジタル回路設計（イントロダクション） | 4 | 2001_05_168.pdf |
| | 論理代数，ゲート回路，機能回路などの基本を知ろう<br>**論理演算と組み合わせ論理回路** | 特集 やってみよう！ディジタル回路設計（第1章） | 8 | 2001_05_172.pdf |
| | Dフリップフロップ，レジスタ，カウンタ，シフトレジスタを理解しよう<br>**フリップフロップと順序回路** | 特集 やってみよう！ディジタル回路設計（第2章） | 10 | 2001_05_180.pdf |
| | **知っておきたいロジックICの電気的特性** | 特集 やってみよう！ディジタル回路設計（Appendix） | 13 | 2001_05_198.pdf |
| | 設計手順を理解して最適な選択をしよう<br>**CPLD/FPGAのためのツール活用術** | 特集 やってみよう！ディジタル回路設計（第4章） | 9 | 2001_05_201.pdf |
| | 設計をはじめる前に開発環境を整えよう<br>**環境の構築とダウンロード・ケーブルの製作** | 特集 やってみよう！ディジタル回路設計（第5章） | 6 | 2001_05_210.pdf |
| | 組み合わせ/順序回路をMAX＋PLUS IIで設計してみよう<br>**シミュレーションによるロジック回路の動作検証** | 特集 やってみよう！ディジタル回路設計（第6章） | 7 | 2001_05_216.pdf |
| | NCO方式により0.25Hz～4.194304MHzを0.25Hzステップで出力する<br>**クロック・ジェネレータの設計** | 特集 やってみよう！ディジタル回路設計（第7章） | 7 | 2001_05_223.pdf |
| | CPLD1個で実現する調歩同期通信用<br>**シリアル・インターフェース回路の設計** | 特集 やってみよう！ディジタル回路設計（第8章） | 5 | 2001_05_230.pdf |
| | JTAGテスト・インターフェース＋VBAで実現する<br>**プログラマブル・ステッピング・モータ・コントローラの製作** | 特集 やってみよう！ディジタル回路設計（第9章） | 12 | 2001_05_235.pdf |
| 7月号 | **PLDの概要とダウンロード・ケーブルの製作** | 連載 小規模CPLDの設計＆製作事始め（第1回） | 9 | 2001_07_293.pdf |
| | GAL1個と汎用ロジックだけで作れるシンプルさ！<br>**PCIパラレルI/Oボードの設計＆製作** | | 11 | 2001_07_322.pdf |
| 8月号 | 15個のラジコン用サーボを使って各関節を駆動する<br>**自立型4脚ロボットの製作** | 特集 コンテストのためのロボット製作（第6章） | 13 | 2001_08_235.pdf |
| | **EPM7032Sを使ったPLD学習ボードの製作** | 連載 小規模CPLDの設計＆製作事始め（第2回） | 9 | 2001_08_281.pdf |
| 9月号 | **設計ツールのダウンロードとインストール** | 連載 小規模CPLDの設計＆製作事始め（第3回） | 8 | 2001_09_268.pdf |
| 10月号 | **回路図入力とコンパイル/ダウンロード** | 連載 小規模CPLDの設計＆製作事始め（第4回） | 8 | 2001_10_297.pdf |
| 11月号 | **回路図とVHDLによる組み合わせ回路の設計** | 連載 小規模CPLDの設計＆製作事始め（第5回） | 11 | 2001_11_302.pdf |
| 12月号 | **回路図とVHDLによる順序回路の設計** | 連載 小規模CPLDの設計＆製作事始め（第6回） | 14 | 2001_12_257.pdf |
| 2002年<br>1月号 | **MAX＋PLUS IIでシミュレーション** | 連載 小規模CPLDの設計＆製作事始め（第7回） | 7 | 2002_01_259.pdf |
| 2003年<br>5月号 | 基礎をしっかり身に付けて論理回路設計の世界を楽しもう！<br>**お話し「ディジタル回路入門」** | 特集 ようこそ！ディジタル回路の世界へ（第1章） | 12 | 2003_05_111.pdf |
| | ディジタル回路設計に必須のデバイスを使いこなす<br>**CPLDの基礎知識と周辺回路設計** | 特集 ようこそ！ディジタル回路の世界へ（第2章） | 9 | 2003_05_123.pdf |
| | **第3章～第8章で使用する「HDLトレーナ」のハードウェア** | 特集 ようこそ！ディジタル回路の世界へ（Appendix） | 3 | 2003_05_132.pdf |
| | フリップフロップによるカウンタを例に学ぶ<br>**記憶素子を使って数値や状態を保持する回路を作る** | 特集 ようこそ！ディジタル回路の世界へ（第5章） | 12 | 2003_05_153.pdf |
| | ディジタル時計を作りながら同期式回路の基礎を学ぶ<br>**クロック信号を入力して回路を自動運転する** | 特集 ようこそ！ディジタル回路の世界へ（第6章） | 10 | 2003_05_165.pdf |

| 掲載号 | タイトル | シリーズ | ページ | PDFファイル名 |
|---|---|---|---|---|
| 12月号 | タイマ0を使ったPIC12F508との速度比較<br>**エミュレータのデバッグとテスト** | 特集 作りながら学ぶマイクロコンピュータ（第10章） | 7 | 2008_12_150.pdf |
| | HDLでROMを記述し200MHzで動作させる<br>**マスクROMによる高速化** | 特集 作りながら学ぶマイクロコンピュータ（第11章） | 5 | 2008_12_157.pdf |
| | クロック50MHzでの検証とModelSim-Alteraの使い方<br>**シミュレーションによる動作確認** | 特集 作りながら学ぶマイクロコンピュータ（第12章） | 6 | 2008_12_162.pdf |
| | PICエミュレータを活用した<br>**のこぎり波の生成とハードウェアPWMモジュールの製作** | 特集 作りながら学ぶマイクロコンピュータ（第13章） | 5 | 2008_12_168.pdf |
| 2009年<br>2月号 | CPLDで作ったPIC16F508エミュレータの拡張<br>**PIC16F84エミュレータの製作** | | 6 | 2009_02_240.pdf |
| 3月号 | 高速，自在なデバイスの特長を生かす<br>**FPGAならではの応用例** | 特集 手軽に始めるFPGA<br>（イントロダクション） | 4 | 2009_03_084.pdf |
| | 高速化・多様化する論理回路の必須デバイス<br>**FPGAって何？** | 特集 手軽に始めるFPGA<br>（第1章） | 8 | 2009_03_088.pdf |
| | 大規模ロジックはどうやって実現するの？<br>**FPGAのしくみと開発に使うソフトとハード** | 特集 手軽に始めるFPGA<br>（第2章） | 6 | 2009_03_096.pdf |
| | 開発ツールことはじめ<br>**FPGAにプログラムを書き込む方法** | 特集 手軽に始めるFPGA<br>（第3章） | 8 | 2009_03_102.pdf |
| | CPU/DSPを越える信号処理の高速さを生かす<br>**帯域50MHzのスペクトラム・アナライザの製作** | 特集 手軽に始めるFPGA<br>（第4章） | 14 | 2009_03_110.pdf |
| | はんだ付け不要　ロジックの自在さを生かす<br>**マルチチャネル信号発生器の製作** | 特集 手軽に始めるFPGA<br>（第5章） | 9 | 2009_03_124.pdf |
| | CPUを搭載してピンの多さを生かす<br>**拡張自在なLEDディスプレイの製作** | 特集 手軽に始めるFPGA<br>（第6章） | 10 | 2009_03_134.pdf |
| | ケース・スタディでデバイス選びの考え方を追う<br>**FPGA選択ガイド** | 特集 手軽に始めるFPGA<br>（Appendix 1） | 4 | 2009_03_144.pdf |
| | 主なデバイス・メーカと入手先<br>**FPGA入手ガイド** | 特集 手軽に始めるFPGA<br>（Appendix 2） | 1 | 2009_03_148.pdf |
| 6月号 | 2008年8月号付録78K0 USBマイコン基板とフリー・ソフトウェアを使った<br>**USB接続のFPGA書き込みツール** | | 10 | 2009_06_195.pdf |
| 7月号 | FPGAによる各種タイミング生成とマイコンによるSDカード書き込みが肝！<br>**CMOSイメージ・センサ画像処理ボードの設計** | 特集 CMOSイメージ・センサのしくみと応用（第6章） | 10 | 2009_07_123.pdf |
| 11月号 | ナショナルインスツルメンツ社主催の計測制御カンファレンス<br>**NIWeek09レポート** | | 4 | 2009_11_224.pdf |
| 2010年<br>2月号 | JTAG/SPI-USB間のシリアル通信の高速化を実験で確認<br>**480Mbpsハイ・スピード対応のUSBコントローラFT2232H** | | 10 | 2010_02_145.pdf |
| | カメラ2台による3D表示や距離測定，マルチビュー表示のためのコア技術<br>**CPLDを使ったディジタル・ビデオ同期回路の設計** | | 9 | 2010_02_192.pdf |
| 3月号 | 市販のPICマイコン基板とフリー・ソフトでJTAGに変換<br>**USBで使えるFPGAダウンロード・ケーブルの製作** | | 10 | 2010_03_191.pdf |
| 6月号 | FPGAを使って外付け画像メモリなしでインターレース-プログレッシブ変換<br>**コンポジット-アナログRGB変換器の製作** | | 7 | 2010_06_191.pdf |
| 7月号 | 低価格で手軽に使える！フリーのソフトコアCPUを搭載可能！<br>**USB接続のFPGA学習用ボードDE0誕生** | | 5 | 2010_07_188.pdf |
| 10月号 | 信号入力帯域幅14MHz，サンプリング速度40Mで弁当箱サイズ<br>**発生頻度を濃淡で表現！ディジタル・オシロスコープの製作** | | 6 | 2010_10_212.pdf |
| | CPLDや24ch DMAを搭載し，アナログ性能も向上<br>**アナログもディジタルも一新！PSoC3 CY8C3866** | | 7 | 2010_10_165.pdf |
| 12月号 | 各種ICの論理ゲート数から消費電力まで<br>**半導体プロセス/ディジタル回路ほか** | 特集 エレクトロニクス比べる図鑑（第2章） | 6 | 2010_12_098.pdf |
| | **1万円でおつりがくるCPLD/FPGA入門環境** | 特集 エレクトロニクス比べる図鑑（Appendix 2） | 1 | 2010_12_104.pdf |

# 第1章　FPGA/PLDの構造

## プログラムを可能にする仕組みと活用法
三上 廉司

## プログラマブル・デバイスの特徴

任意の回路機能を実現可能なプログラマブル論理LSIであるPLD(Programmable Logic Device)は，図1のように，
① SPLD(Simple PLD)
② CPLD(Complex PLD)
③ FPGA(Field Programmable Gate Array)
と大きく3種類に分類できます．ここでは，プログラマブルな論理の実現方法や，構造ごとの特徴について説明します．

### ● SPLDの基本構造

SPLDは，一つのデバイスの中にプログラマブルなAND-OR構造を持つLSIです(図2)．加法標準形($ab + cd$の形)の論理圧縮解をそのまま実現可能な構造といえます．

論理回路は，組み合わせ回路と順序回路の2通りに分けられます．組み合わせ回路は，出力が入力の関数として一義的に定まるものです．これをブール代数式で表現して論理圧縮すると，AND-OR型で構成された加法標準形の最小解が求まります．このAND-OR構造をLSIの中に作り込んだものがSPLDです．

AND-OR構造の終段にはフリップフロップがあります．出力を前段へフィードバックして，次のクロックで入力との論理をとることによって，順序回路を実現できます．

SPLDでは，あらかじめ用意されたAND-OR構造で所望の論理を実現します．このため，実現する論理によらず，遅延時間が一定となります．従って，LSIの仕様として，入力信号を与えてから出力が確定するまでの遅延時間が決まります．実現可能な回路の規模は小さいのですが，入門者には非常に使いやすく，小型の高速回路に適します．

### ● CPLDの基本構造

SPLDでは，入出力数が多い回路や複雑で大規模な回路は実現できません．そこで，このSPLDの基本構造を複数接続して，より大きな回路を作れるようにアーキテクチャを拡張したものがCPLDです(図3)．

CPLDは，複数のSPLDブロックと，これらを任意に接続可能にするための配線領域を持ちます．プログラマブルな配線領域の遅延は，SPLDブロックの遅延に比べればほぼゼロと見なせるほど小さくてすみます．従って遅延時間は，基本SPLDブロックの整数倍(入力から出力までに通るSPLDブロック数)となります．SPLDブロックの論理や，配線領域内の経路で遅延時間が変わることはありません．

### ● FPGAの基本構造

FPGAは，プログラマブルな論理ブロックとしてルックアップ・テーブル(Lookup Table：LUT)を使用しています(図4)．LUTの後には，SPLD/CPLDと同

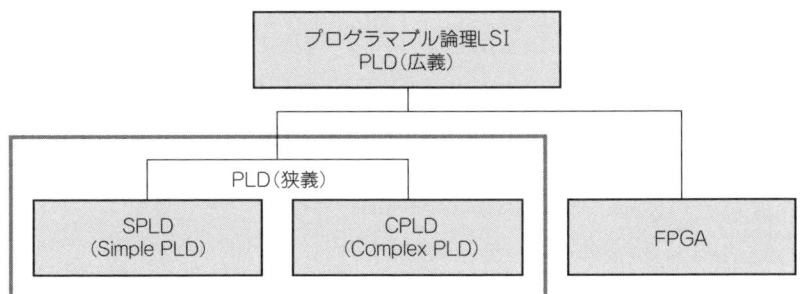

図1　3種類のプログラマブル論理LSI

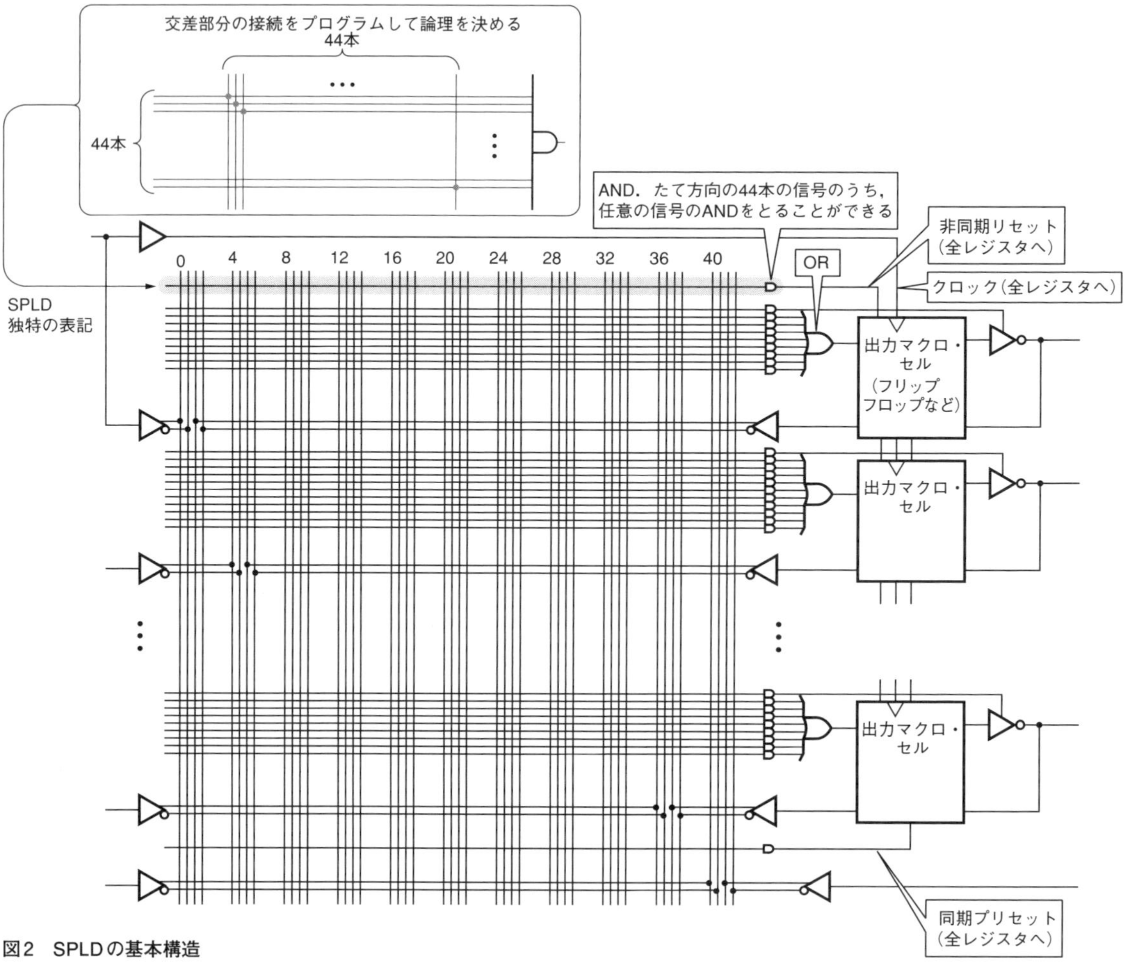

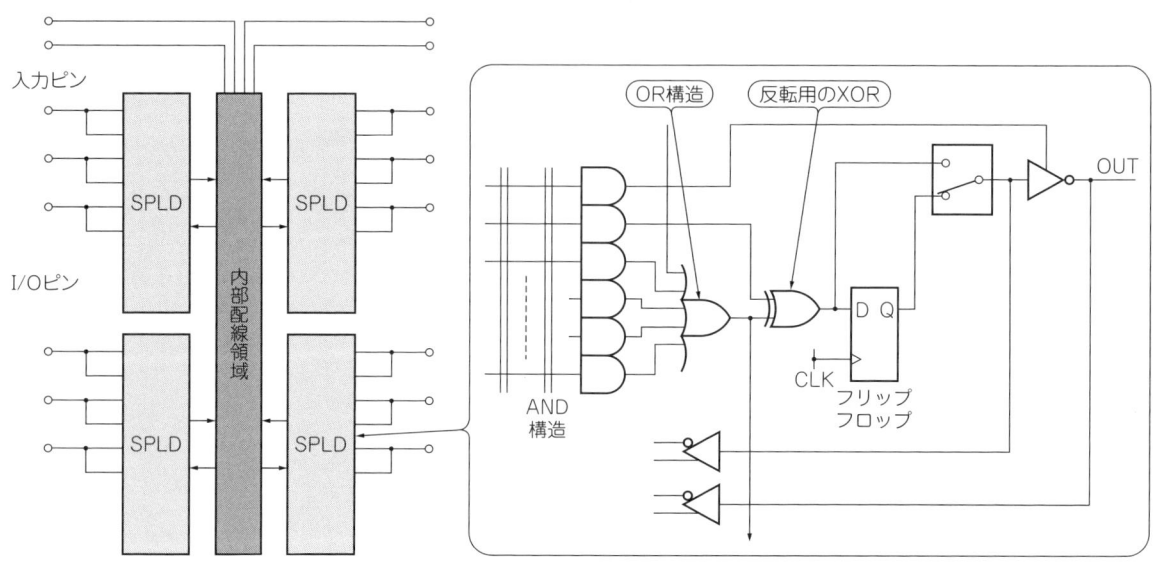

**図2 SPLDの基本構造**
22V10という，標準的なSPLDの一部を示す．22V10は，22本のI/Oピンと10個の出力マクロ・セル（Dフリップフロップなど）を持つ．SPLDには，I/Oピンやフリップフロップの数が異なるさまざまな品種がある．

**図3 CPLDの基本構造**
複数のSPLDブロックと，これらを任意に接続可能にするための配線領域で構成される．

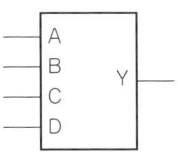

(a) 4入力1出力の論理機能

| 入力 | | | | 出力 |
|---|---|---|---|---|
| A | B | C | D | Y |
| 0 | 0 | 0 | 0 | 1 |
| 0 | 0 | 0 | 1 | 0 |
| 0 | 0 | 1 | 0 | 0 |
| 0 | 0 | 1 | 1 | 0 |
| 0 | 1 | 0 | 0 | 1 |
| 0 | 1 | 0 | 1 | 1 |
| 0 | 1 | 1 | 0 | 1 |
| 0 | 1 | 1 | 1 | 1 |
| 1 | 0 | 0 | 0 | 1 |
| 1 | 0 | 0 | 1 | 0 |
| 1 | 0 | 1 | 0 | 0 |
| 1 | 0 | 1 | 1 | 1 |
| 1 | 1 | 0 | 0 | 0 |
| 1 | 1 | 0 | 1 | 1 |
| 1 | 1 | 1 | 0 | 1 |
| 1 | 1 | 1 | 1 | 1 |

入力の組み合わせに対応して出力が決まる

(b) 真理値表の例

**図4 ルックアップ・テーブルによる論理の実現方法**
ルックアップ・テーブルは，メモリと同等である．入力の組み合わせ（アドレス）に合わせた出力をデータとして記憶させることで，論理機能を実現できる．

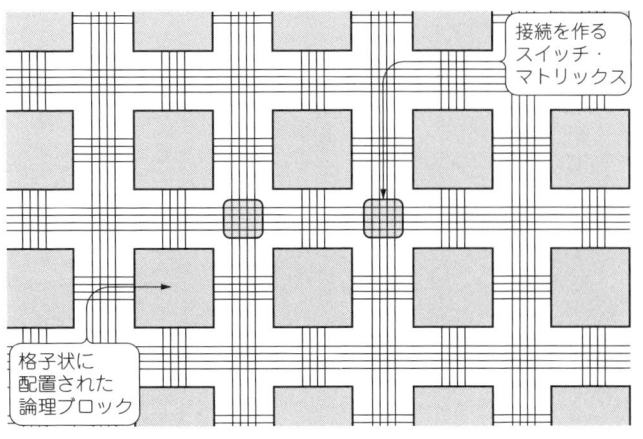

**図5 FPGAの基本構造**

様にフリップフロップがあります．

SPLD/CPLDの入力は，入力信号が多くても少ない段数で回路を構成できるように，16入力以上と多いのが普通です．これに対し，FPGAのLUTは4～8入力で，SPLDより小型です．論理機能としてLUTを使用する場合は，アドレス入力の数をむやみに増やすと，使用効率が悪くなりがちなためです．

多くのFPGAでは，4入力，1出力のLUTを用いています．このLUTは，4本のアドレス線を持つ1ビット出力のメモリと同等です．

LUTに，フリップフロップなどの付加回路を加えたものが，FPGAの基本論理ブロックになります．基本論理ブロックの構成の詳細は，メーカや製品によって異なります．

FPGAでは，比較的小規模な基本論理ブロックを多段接続することで，複雑で大規模な回路を実現します．基本論理ブロックを多段かつ複雑な組み合わせで接続できるように，プログラマブルで広大な配線領域が用意されています（図5）．

FPGAは，SPLD/CPLDよりも大規模な回路を柔軟に作ることができますが，回路機能の配置や相互の接続の仕方（配線）によって，同一の機能であっても遅延時間が大きく変わります．そのためFPGAでは，最終的な配置と配線が決定しないと遅延時間が決まりません．開発ツールによる遅延時間の確認が必要になります．

### FPGAの専用機能ブロックの特徴

FPGA上にあらかじめ作り込まれている専用機能ブロックを，ハード・マクロといいます．また，FPGAの基本論理ブロックを使えば，マイクロプロセッサの機能を実現することができます．このようにして作られたIPコアをソフト・マクロといいます．

ソフト・マクロでは，ハード・マクロほど集積効率や性能が上がりませんが，任意のアーキテクチャで機能を実現できることが強みになります．

FPGAの専用機能ブロックを使う場合に注意しなけばならない点があります．

プロセッサ機能やメモリ，演算機能，入出力機能などを組み合わせたシステムでは，各機能ブロックを接続するために，オンチップ・バスがよく使われます．最新のFPGAでは，さまざまな専用機能ブロックを使うことができるようになりましたが，オンチップ・バスは基本論理ブロックで実現しなければならない場合があります．その場合は，専用機能ブロックの性能から期待できるシステム性能が得られない可能性があります．

● FPGAの構造の拡張

　FPGAの基本論理ブロックは，1984年に登場したときには，4入力のLUTと一つのフリップフロップを組み合わせたものでした．1990年代になると，キャリー回路が付加されました．2000年代にはLUTの入力数が増え，一つの基本論理ブロックが複数のLUTで構成されるようになりました．

　これはシリコンの集積度が飛躍的に増加したためと高速化への対応です．論理機能を多様化して遅延の増えるスイッチ・マトリックス経由の接続を削減しようという狙いがあります．

　図6は，Xilinx社のSpartan-6の基本論理ブロックの構造です．配線領域となるのがスイッチ・マトリックスです．基本論理ブロックであるCLB（Configurable Logic Block）は，二つの独立したスライスによって構成されています．スライス0は，キャリー入出力を持ち，上下のCLB内のスライス0とカスケード接続できるようになっています．CLB間を接続する信号線はダイレクト・コネクトと呼ばれ，スイッチ・マトリックスを経由する信号より高速です．実際のスライスには，M/L/Xの3タイプがあります．

　スライスの内部には，それぞれ4個の6入力2出力LUTがあります．2本の出力のうちの1本はフリップフロップ経由で，もう1本はフリップフロップをバイパスした回路となっています．

　集積度が低い時代は，LUTからの1本の出力に対してフリップフロップに入力するかバイパスするかの選択回路がありました．しかし集積度の向上に伴ってメモリ出力を2ビットにして選択回路をなくしてもシリコンの面積への影響が小さくなりました．

　基本論理ブロックの高機能化は，大規模化な回路を実現するために必要となる配線領域の増大を抑制する狙いもあります．

## システムLSIとしてのFPGA

　今日のFPGAは，CPUコアやメモリ，乗算器，高速I/O，アナログ・インターフェースなど，従来は，プリント基板上に載っていたLSIをその内部に取り込んでいます．この理由を，
① ダイ・サイズ（機能の集積効率）
② 動作速度
③ コスト
の面から述べていきます．

● 専用機能ブロックの搭載で集積効率を上げる

　FPGAは，小型の基本論理ブロックを多段接続して任意の回路を実現します．当然ながらこれは，目的の回路を専用LSI（いわゆるASIC）として作る場合よりダイ・サイズが大きくなります．回路の種類や規模によって異なりますが，同じ製造プロセス技術を用いる場合，FPGAはASICなどに比べて約1/5の効率と見積もるのが一般的です．つまりFPGAで必要となるシリコンの面積は，ざっと5倍になるということです．

　一方，LSIの設計において，内部を構成する機能ブロックの数に対して，必要になる配線領域の面積は指数関数的に増加します．このため，最新の大規模FPGAでは，配線領域がシリコンの85％程度を占めるに至っています．

　FPGAにおいて，機能の集積効率を上げるためには，比較的よく使われる機能をシリコン上にあらかじめ作り込んでおくことが有効です．最新のFPGAが搭載しているARMプロセッサ・コアなどがこれにあたります．また，積和演算器/乗算器やメモリ・ブロック，論理ブロックでは実現できないアナログ機能（PLL：Phase-Locked Loopなど），高速動作機能（SERDES：Serializer/Deserializerなど）などもあります．FPGA

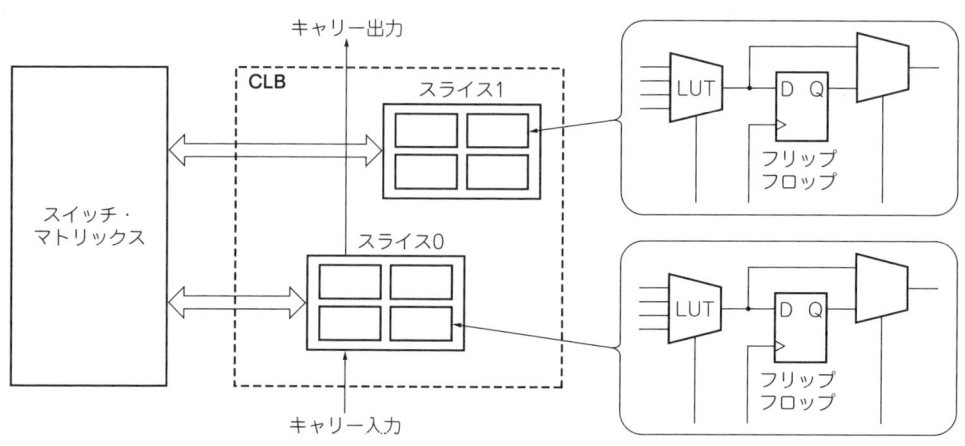

図6　Spartan-6の基本論理ブロックの構造

ファミリや品種ごとに搭載する機能の数が異なります．アプリケーションと回路規模に応じて選択します(**コラム参照**)．

● 信号のLSI内部化による高速化

プリント基板上で複数の部品を接続して回路を構成する場合，プリント基板上を流れる信号の伝送速度と品質が問題になることがあります．よく使われるプリント基板では，数十MHz程度の信号しか流せません．

また，プリント基板に信号を流したり，流れてきた信号を受けたりするためには，部品の入出力にバッファ回路が必要になります．

しかし，プリント基板上に搭載していた部品の機能をLSIの内部に集積してしまえば，動作速度は数百MHzに上げることができます．高性能プロセッサなどは数GHz動作が普通ですが，これはLSI内部回路でこそ可能な速度です．

● ワンチップ化によるコストの削減

複数の部品を一つにまとめると，性能が向上するだけでなく，コストを下げる効果もあります．LSI部品の製造コストは，面積で決まってくるダイのコストほか，パッケージやテストなどにかかるコストで決まります．従って複数のLSIで実現していた機能をワンチップ化すればトータル・コストを削減する効果が期待できます．半導体の製造プロセス技術の微細化によって，大規模で複雑な回路であってもワンチップ集積化が可能になっています．

使用する部品数の減少は，プリント基板の面積の削減につながり，システム・コストの低減にも寄与します．

あらためてシステムとしてのプリント基板を見ると，マイコンがあり，メモリがあり，アナログLSIがあります．いろいろなメーカのさまざまなLSIを使用しています．少ない部品数で設計できた方が便利です．

そこで，マイクロプロセッサでは，メモリ，A-D/D-Aコンバータなどの機能が集積されるようになっています．FPGAには，CPUやメモリが搭載されるようになりました．

Cypress Semiconductor社のPSoCシリーズは，プ

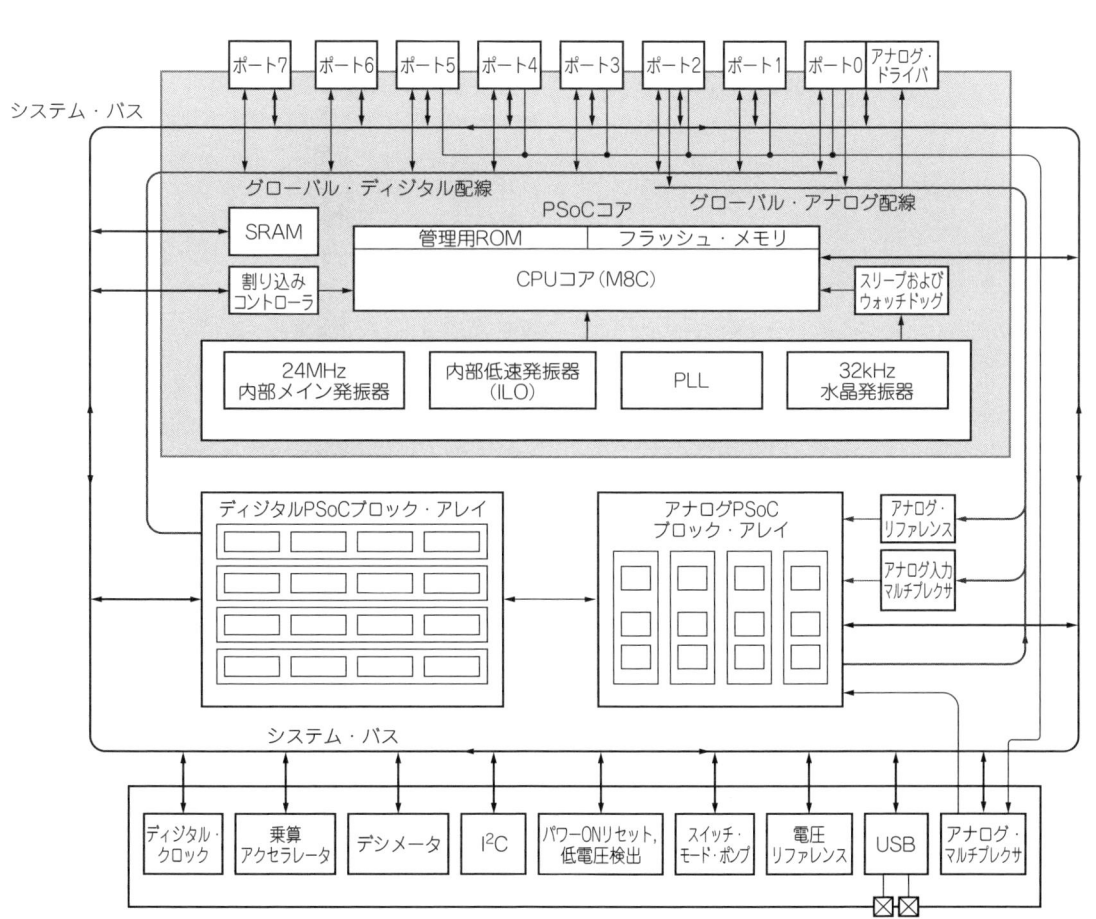

図7　PSoC 1シリーズの内部ブロック図

ログラマブルなシステムLSIの進む方向を象徴的に示していると感じます．

図7は，PSoC 1シリーズの内部ブロック図です．小型の8ビットCPUが，ソフトウェアのプログラムでハードウェアを制御します．

プログラマブルなディジタル・ブロックは，一つの基本論理ブロックが8ビット・カウンタ・レベルの規模を持ちます．これらを使って，PWM（Pulse Width Modulation）やUART（Universal Asynchronous Receiver Transmitter）を実現できます．またUSBインターフェースなどは，最初から専用機能として搭載されています．

## FPGAとASICの使い分け

● ASICより性能が下がるとは限らない

FPGAは，さまざまな専用機能ブロックを内蔵するようになり，大規模化と多様化を遂げ，今日では，プログラマブルなシステムLSIというべき存在になってきています．

これに対して，カスタムLSI（ASIC）は，設計の自由度が高く，同じプロセス技術で製造されたFPGAと比較すると，性能，集積度，消費電力，量産時コストなどあらゆる面で有利といえます．しかしFPGAは，プログラマブルであるという優位性により，広く市場に浸透し，ASICを凌駕しています．

システムLSIは複雑化と大規模化が進んでおり，バグや仕様変更による改変，リスピン（LSIの作り直し）のリスクが増加しています．にもかかわらず，システムLSIの開発コストは，最先端プロセス技術の場合で数十億円，枯れたプロセスであっても数千万円にも及び，何度も設計の改変ができなくなっています．

このため多くのASICでは，最先端プロセス技術を使うことができなくなっています．これに対してFPGAは，常に最先端のプロセス技術が使われています．最近のFPGAは，比較的設計件数の多いASICに比べて2～3世代新しいプロセス技術で製造されています．このため，ASICと比べて性能で優位になることもあります．

● プログラマブルであることを生かす

製品の多様化や機能仕様の進化が著しい中，1個からでも直ちにシステムLSIが作れるメリットは，「うまく動かないときは何度でもやり直しが利く」ことでもあり，設計現場のエンジニアの精神的なプレッシャーは桁違いに少なくなります．すぐにプロトタイプが作れ，設計仕様変更が容易で，短期に製品を市場に投入できるプログラマブルであるというFPGAの機能は，現代にジャストフィットした唯一，最大の利点といえます．

## FPGAとマイコンの使い分け

マイコンには，PWMやUART，A-D/D-Aコンバータなどが搭載されるようになっています．FPGAには，プロセッサが搭載されるようになっています．

エンジニアにとって部品の選択肢が増えることはありがたいのですが，その選択の基準を，どこに置けばよいのでしょうか．
① 処理性能
② アプリケーション
③ アナログ回路
の視点から考察を進めます．

● 高い性能が必要なときはFPGA

ディジタル処理に，プロセッサを用いるべきか，FPGAを用いるべきかを考えてみましょう．

プロセッサを使う場合は，ソフトウェアによる逐次的な処理になります．FPGAはハードウェア回路なので，並列処理が可能です．ソフトウェアとハードウェアの差は，最大100倍くらいと考えればよいと思います．ソフトウェアに比べてハードウェアの処理速度は最大で100倍になりますが，ハードウェアの量も最大で100倍になるということになります．

従って，ソフトウェアでは速度が不足するような処理は，必然的にハードウェア化することになります．逆に，速度は必要としないが複雑な制御や計算が必要なところは，ソフトウェアで処理すべきです．

また，ソフトウェア言語で，アルゴリズムを記述する能率とHDL（Hardware Description Language）でハードウェアを記述する効率は，デバッグ工程を含めてもはるかにソフトウェアが勝ります．回路を合成可能なHDL記述は，アセンブリ言語でソフトウェア開発をするような感覚です．書いても書いてもなかなか進みません．

FPGAはハードウェアを変更できますが，ソフトウェアでのアルゴリズム記述の柔軟性には，及びません．そこで，ハードウェア処理とソフトウェア処理のうまい切り分けがシステム設計の妙味となります．

● FPGAは通信や信号処理が得意
(1) 通信機器への応用

ディジタル通信の分野では，高速大規模FPGAが多用されています．ディジタル変調やCAM（Content Addressable Memory），ネットワーク・スイッチ，携帯電話の基地局などです．

例えば基地局では，通信仕様の変更やアップデートがあると，ハードウェアを変更しないといけません．

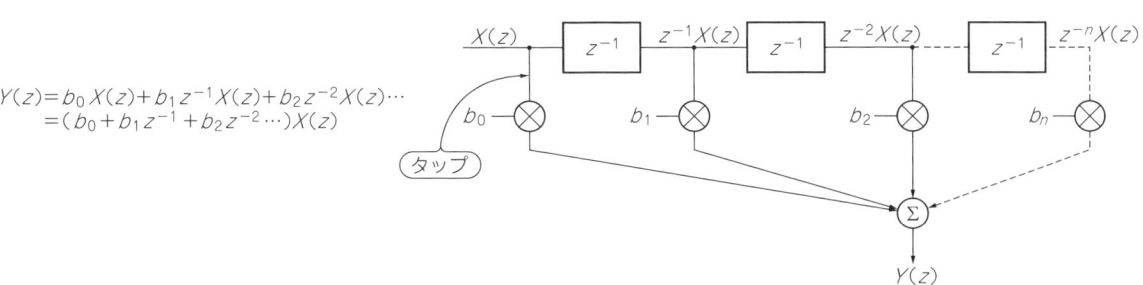

$Y(z) = b_0 X(z) + b_1 z^{-1} X(z) + b_2 z^{-2} X(z) \cdots$
$= (b_0 + b_1 z^{-1} + b_2 z^{-2} \cdots) X(z)$

**図8**
FIRフィルタの一般式と回路構成

このためには，アンテナのあるような高い場所に登って，基板を差し替えますが，FPGAで設計しておき，通信回線で回路情報をFPGAに送ってハードウェアを書き換えできるようになってきました．

### (2) ディジタル・フィルタへの応用

ディジタル分野の半導体の進歩によって，アナログによる連続時間信号は，ほとんどが離散時間信号として処理されるようになってきました．その多くは，円状畳み込み積分によるフーリエ解析・相関計算系と直線上畳み込み積分を使うディジタル・フィルタ系です．

ディジタル・フィルタでは，図8のように，サンプリングされた入力信号$X(z)$を，時間シフトさせながら$b_n$の係数を掛け算し，加算していきます．ここで時間シフト（サンプル遅れ）は，$z^{-1}$を掛けることになります．

この掛けて足す段数のことをタップ数といいます．フィルタに信号が入ってから最初の計算結果が出るには，タップ数分の時間がかかります．

日常使われる16ビット44.1 kHzのリニアPCM信号を例に説明します．サンプリング時間を22.7 $\mu$s，タップ数を256段とすると，最初の信号が出るまで，5.7 msかかります．しかし最初の信号が出てしまえば，後は22.7 $\mu$sごとに結果が出てきます．次の信号出力は，前の加算結果から最初の値を引き算して，新しく$X$($n + 1$)と$b(n + 1)$を掛けた1段分を加算すればよいためです．

さて，これをプロセッサで処理することを考えてみます．一般的なプロセッサの命令セットでは，最もサイクル数の少ない（速い）命令は，即値やレジスタ間のデータ移動命令です．メモリを参照する命令は，サイクル数が多く，外部バスを経由するために遅くなります．フィルタ係数や加算結果が，メモリ上にあると，計算に時間がかかります．そのため特定の命令セットを高速で実行できるように設計されたプロセッサが使われます．このように特化したプロセッサにDSP（Digital Signal Processor）があります．

プロセッサでは，タップ数のループを回さなければいけませんが，FPGAでは，図9のように，並列化するなどして高速な信号処理アーキテクチャを自由に作れます．

なお，FPGAにもDSPという言葉がありますが，これはディジタル信号処理（Digital Signal Processing）を意味します．

### ● FPGAはアナログ信号が苦手

アナログ機能を集積したFPGAは，ほとんどありません．

大規模FPGAは，最先端のプロセス技術を使って

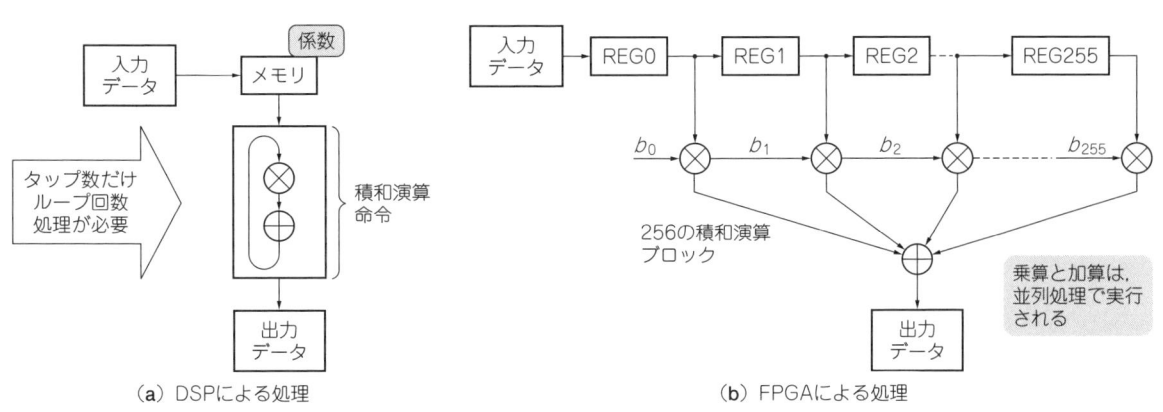

(a) DSPによる処理　　　　(b) FPGAによる処理

**図9** プロセッサ処理とFPGA処理の比較

製造されています．プロセスの微細化に伴い，動作電圧はどんどん低下しています．

一方，アナログ回路ブロックはトランジスタの物理的なサイズと電気的な特性上，動作電圧はあまり下がりません．よって同じプロセス技術でディジタル・ブロックとアナログ・ブロックを製造するのが難しいことが理由として考えられます．

アナログ信号をFPGAで扱う場合には，A-D/D-A変換回路が必要になります．一般的なセンサなどの信号であれば，A-DコンバータやD-Aコンバータを内蔵したマイコンを使うことができます．192 kHz，24ビット・サンプリングのオーディオ信号を扱うような場合でも，DSPを使うことができます．

● **エンジニアとシステム構築力**

FPGAが高度に集積化を遂げ，設計ツールが飛躍的に進化した今日，FPGAの論理設計は，HDL記述からの合成とシミュレーションでソフトウェア開発並みになり，一般的なアプリケーションは開発が容易になりました．

そうなると，これからのエンジニアは，システム全体を広く見渡して，ソフトウェアとハードウェア処理のトレードオフをうまく見極め，アナログとディジタルの処理とそのインターフェースを理解して，最終的にどのようなLSI群でシステムを構築するかを柔軟性，処理能力，コストの面でバランスできる能力が要求されるでしょう．

専門性を持ちつつも他分野の理解がチーム開発でも重要になります．

## 第2章　FPGAのための論理設計手法

### 開発ツールとハードウェア記述言語
三上 廉司

FPGAの開発では，FPGAベンダが提供する専用の開発ツール(Altera社のQuartus IIやXilinx社のVivado)を使うのが一般的です．回路をHDL(Hardware Description Langurage；ハードウェア記述言語)で記述し，ツールによって回路情報が得られれば，FPGAで実際に動作させることができるようになります．

また今日のFPGAは，内部にプロセッサが内蔵され，ハードウェアとソフトウェアの協調設計が必要となります．ハードウェア技術者がソフトウェア言語を，またソフトウェア技術者がハードウェアを理解できることは，非常に大きなメリットになります．

ここでは，FPGA設計を要領よく習得するための要点を解説していきます．

## システム設計の考え方

### ● システムの表現

図1は，システムの表現とその抽象度を表したチャートです．古典的なものですが，LSIシステムとHDLを理解するのには好都合です．左上方向が動作(Behavior；ふるまい)，右上方向が構造(Structual)，下方向が物理(Physical)の表現を示しています．そしてこの同心円の内側から外側に向かうほど表現の抽象度が上がっていきます．

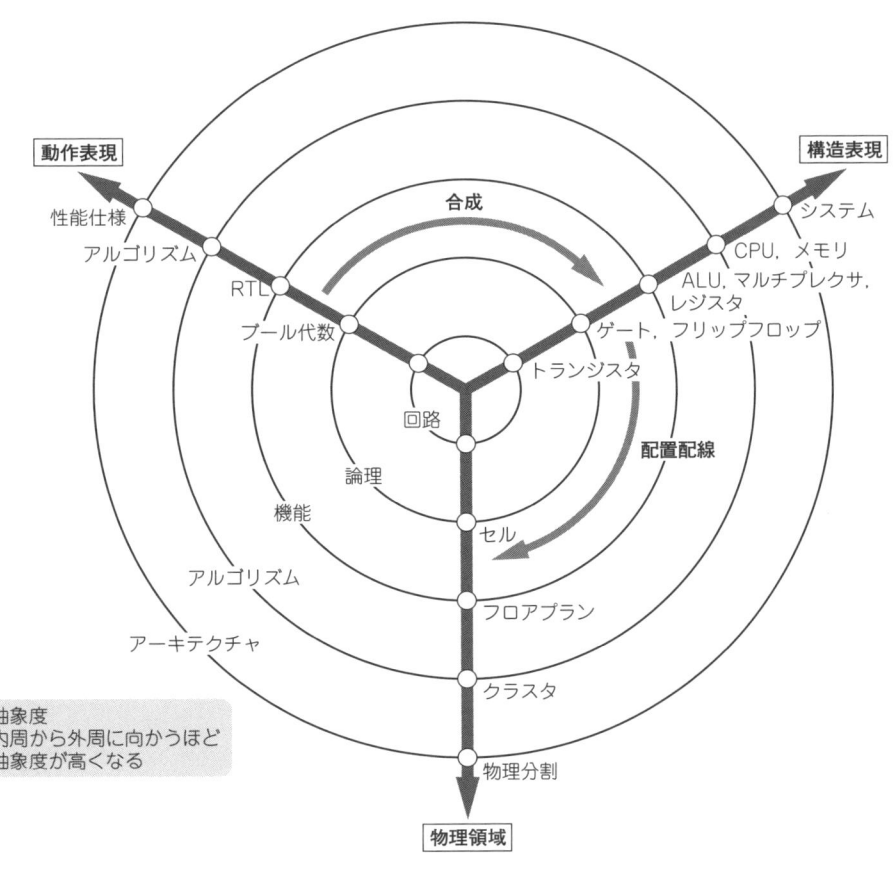

図1
システムの表現とその抽象度
Gajski-KuhnのYチャート．

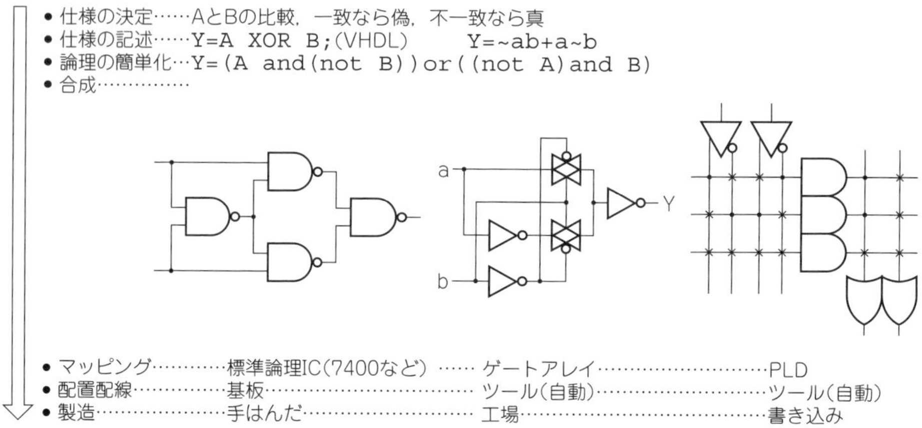

- 仕様の決定……AとBの比較，一致なら偽，不一致なら真
- 仕様の記述……Y=A XOR B;(VHDL)　　Y=~ab+a~b
- 論理の簡単化…Y=(A and(not B))or((not A)and B)
- 合成……………

- マッピング…………標準論理IC（7400など）……ゲートアレイ………………PLD
- 配置配線…………基板………………………ツール（自動）…………ツール（自動）
- 製造………………手はんだ……………………工場………………………書き込み

**図2　論理合成と配置配線**

動作から構造への変換を合成（Synthesis）といいます．構造から物理への変換は配置配線（Place and Route）になります．

HDL記述は動作表現に当たります．ここから合成によって構造表現に変換します．さらにFPGA/ASICでは，配置配線によってシリコンの上に物理的な回路を作っていきます．

● 論理合成

図1の動作表現の抽象度にRTL（Register Transfer Level）があります．一般に，RTL以下（図の内側）の抽象度の記述であれば，論理の合成を自動化できます．RTLより高い抽象度の記述では，回路がうまく合成できない場合があります．

入力$a$, $b$の排他的論理和（XOR）を$y$とする機能を実現する流れを図2に示します．仕様を，

　　$y = a$ xor $b$;

とします．これをブール代数レベルのVerilog HDLで記述すると，

　　Y=~ab+a~b;

となります．

　　$y = a$ xor $b$;

　　Y=~ab+a~b;

はいずれもどのような部品を使うのか，部品をどのようにつなげて作るかは示されていません．しかし論理合成により，2入力NANDを4個使って作るといった具体的な回路が得られます．

論理合成によって得られる回路は，複数の回路解が存在し，論理合成ツールのスイッチ（パラメータ設定）で選択します．通常は回路を小さくするか，速度を速くするかなどの選択ができます．

構造表現では，使用する部品をインスタンス，つなぎ方をネットワークといいます．これに入出力信号の名前と属性を加えたものをトポロジ・ファイル，あるいはネットリストといいます．

● 配置配線

論理合成された回路を具体的にシリコンの上に配置し，物理的に結線することを配置配線といいます．合成と配置配線の中間的な作業としてマッピングという工程が明示されることもあります．

回路の性能（具体的には遅延時間）は，どこに配置するか，どのようにつなぐかで変わってきます．ほとんどの場合は，自動的に配置配線を行います．性能を上げるために人手で配置することもあります．配線も人手でできますが，配線間違いを起こす可能性があるため，人手による配線は，最後の手段と考えておくべきです．

● 回路の最適化

HDL記述から回路を合成する場合，一つの動作記述から複数の構造が存在することに注意しなければいけません．同様に，一つの構造記述に対して複数の配置配線結果が存在します．

論理合成ツールでは，通常，動作速度と回路規模の二つのパラメータで最適化が可能です．

配置配線ツールでは，通常，制約（コンストレイント）ファイルを使って配置配線を行います．制約ファイルには，期待する動作周波数のようなタイミングの制約や，ピン配置といった物理的制約の情報が含まれます．

期待する性能が得られない場合は，配置配線結果が問題になっている場合が少なくありません．フロアプラン・ツール（図3）により，遅延の大きな信号経路（クリティカル・パス）を確認して，信号の遅延が少なくなるように，機能ブロックの配置を検討します．

このときのコツは，機能ブロックの入出力の物理的な位置を信号を受け渡す相手のブロックの位置に合わせるように，なるべく近くに配置することです．そう

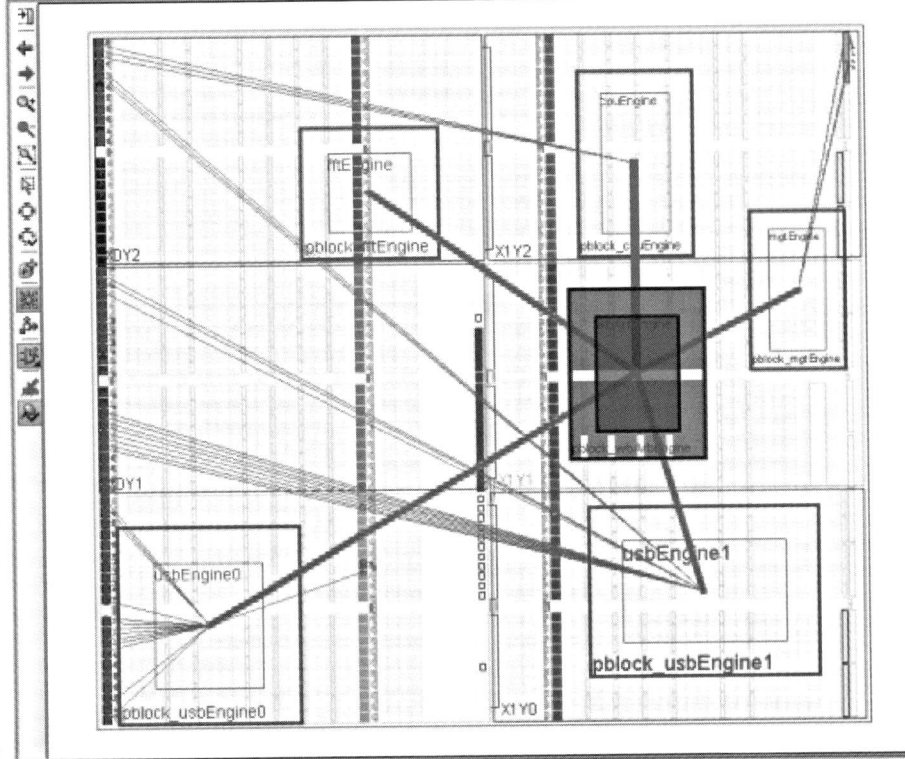

図3
フロアプラン・ツールの例

すれば,ブロック間の接続路の遅延が少なくなり,指定したブロック入出力指定で,ブロック単位で配置配線が最適化されます.

下流の配置配線で困らないようにするためには,上流のHDL記述の工程で,回路がどのように合成され,配置配線されるかをイメージしておく必要があります.

● 検証とデバッグ

HDLで記述した回路が仕様通りかどうかを検証する際には,論理シミュレータを使います(**コラム**参照).

最近のFPGAは,プログラマブルな論理機能に加え,メモリやプロセッサなどのさまざまな機能を統合化しています.このため,実機デバッグにおいて,プリント基板上のシステムと同じ手法が使えない場合があります.

マイコンやアナログ回路がプリント基板上に載っている場合は,それぞれの部品の端子から信号を観測しながらデバッグすることがよくあります.FPGAを使うことで,このようなシステムを1チップで実現できるようになりましたが,FPGAではデバイスの内部に信号観測用のプローブを当てることができません.

FPGAの内部ノードの観測のために,Xilinx社ではChipScope Pro ILA(Integrated Logic Analyzer)を,Altera社ではSignalTap IIという機能が提供されています.これは,ロジック・アナライザ機能のIPコアを使って内部信号を観測できるようにする機能です.

ロジック・アナライザ機能はとても便利ですが,FPGAリソース(論理ブロックやメモリ・ブロック)を消費する点に注意が必要です.設計完了時にこの機能を取り去ると,回路が変わって配置配線結果にも影響を及ぼすため,期待するタイミングで動作しなくなる可能性があります.リソースに余裕があり,タイミングが厳しい場合は,ロジック・アナライザ機能は埋め込んだままにします.

## HDLによる設計の考え方

HDLは,C言語などのソフトウェア記述言語と変数や文法,構文などで多くの共通点を持ちます.ソフトウェア技術者がソース・コードを眺めても,何をしているのかが,ある程度は分かります.

ここでは,ソフトウェア言語との比較とハードウェア記述言語特有の考え方を解説します.また,より効率的に習得するためのコツについても述べていきます.

● ソフトウェア記述とハードウェア記述

ソフトウェアとハードウェアの根本的な違いは,処理の並列性にあります.

ソフトウェアは,プログラムで記述した順に,逐次的に処理が行われます.例えば,

## 信号強度

FPGA設計では，論理シミュレータを使用しますが，シミュレーション値とその信号強度については説明される機会が少ないようです．

論理シミュレータは，論理レベルの演算によって出力値を計算します．一方，実際の回路は，トランジスタに電流が流れ，具体的な回路動作によってHレベル/Lレベルが決定します．論理シミュレータは，このようなトランジスタの動作まで計算しませんので，実際にHレベル/Lレベルが決まるような回路動作でも計算できない場合があり，このとき値は定まらず不定になってしまいます．

このような場合でも，なるべく実際に近い値を計算できるように導入された仕組みが信号強度(Signal Strength)です．この仕組みによって，シミュレータの計算値から不定が減り，結果としてシミュレーションの精度が上がります．

VHDLにおけるシミュレーション値には，1, 0, H, L, X, W, U(Unknown)，-(Don't Care)，Z(Hi-Impedance)の9値があります．U，-，Zには，信号強度がありません．1, 0, Xは，表Aのように，それぞれ信号強度の強弱が割り当てられ6値に拡張してあります．値の決定ルールはシンプルで，論理値と信号強度の異なる信号が接続されたときに，信号強度を比較し，強いほうの信号の論理値を結果とするものです．

値の決定例を図Aに示します．この回路では，バッファからの信号出力がプルアップされています．この回路ではバッファの出力通り，論理1と論理0を出力します．

今，仮に信号強度の設定がなく，論理1と論理0の2値しかないとします．抵抗経由の信号論理は常に1です．バッファの出力が0のときは，論理1と論理0が同一信号線上に存在するために，判定できずに不定としてしまいます．そこで信号強度を導入し，抵抗Rを信号強度を強から弱に変換するプリミティブとします．それにより，強い0と弱い1の比較判定で，結果を0とすることができます．

シミュレーション値の数はシミュレータによって異なります．VHDLでは9値です．Verilog HDLでは，表Bのように，レベル0から7までの8段階の信号強度が用意されています．これは，Verilog HDLが，もともとシミュレータ用の言語で，スイッチ(トランジスタ)レベルの動作をシミュレーションできるように考えられていたからです．

表A　信号強度

|  | 論理1 | 論理0 | 不定 |
|---|---|---|---|
| 信号強度"強" | 1 | 0 | X |
| 信号強度"弱" | H | L | W |

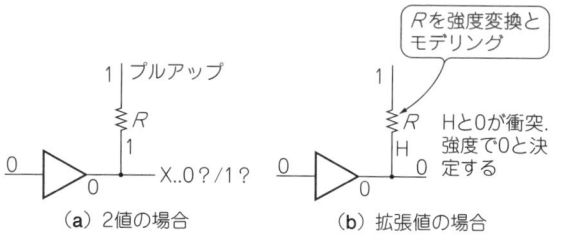

(a) 2値の場合　　(b) 拡張値の場合

図A　信号強度による値の確定
2値では不定が大きくなり実用性が落ちる．信号強度の概念を導入することで，値を確定しやすくなる．

表B　Verilog HDLの信号強度

|  | 論理1 | 論理0 | Drive/Charge |
|---|---|---|---|
| Level 7(電源) | supply1 | supply0 | Drive |
| Level 6(通常) | strong1 | strong0 | Drive |
| Level 5(プル) | pull1 | pull0 | Drive |
| Level 4 | large || Charge |
| Level 3 | medium || Charge |
| Level 2 | weak1 | weak0 | Drive |
| Level 1 | small || Charge |
| Level 0(ハイZ) | highz1 | highz0 | Drive |

```
y=a and b;
x=c or d;
```
と記述した場合，ソフトウェアでは，最初にyが計算され，次にxの計算が実行されます．

ソフトウェアにおいて，プロセスやスレッドなどの単位でマルチタスク処理を行うことがあります．これはプロセッサが一つの仕事にかかりきりにならないように時間的に分割して，複数の仕事を少しずつ切り替えながら処理しているに過ぎません．見かけだけの並列処理です．

これに対して，ハードウェアでは，回路内部を完全に並列動作させることが可能です．例えばVHDLで，
```
y<=a and b;
x<=c or d;
```
と記述すると，二つの式は同時に評価されます．そしてハードウェアでは，実際にxとyの二つの回路にな

●ブロッキング代入（逐次処理）

```
reg_a=data_a;
reg_b=data_b;     上から下に向かって順に式を評価し，順次代入を行う
reg_c=data_c;                            VHDLの:=に対応
```

●ノンブロッキング代入（並列処理）

```
reg_a<=reg_c;
reg_b<=reg_a;     式の右辺をまとめて評価し，同時に左辺への代入を行う
reg_c<=reg_b;     退避しなくともデータの同時入れ替えができる
```

図4　Verilog HDLによる並列処理と逐次処理の記述

ります．どちらを先に書いても同じ結果になります．x, yの信号がどちらが先に変化するかは，それぞれの入力と回路の遅延時間で決まります．

Verilog HDLでも同じ代入演算子を使いますから，

　y <= a && b;
　x <= c || d;

という記述になります．HDLにおける代入演算子は配線を表している，とイメージができると理解しやすくなります．

ところで，ハードウェアでも逐次処理させたい場合があります．VHDLでは，逐次処理の記述は，

　y := a and b;
　x := c or d;

と書きます．Verilog HDLでは，

　y = a && b;
　x = c || d;

と書きます（図4）．

● 合成可能記述

動作記述の抽象度が上がれば，それだけ生産性が高くなります．Verilog HDLでは，乗算を，

　Y = a * b;

と記述できます．この記述はシミュレーションも可能です．しかし乗算器回路を合成できるとは限りません．

実際の設計では，論理合成可能な範囲でHDL記述を行うことになります．

ソフトウェアでよく使われるfor文などは，アルゴリズムの記述であり，ハードウェアの記述ではありません．しかしHDLには，このような制御文が用意されています．

この合成可能な記述のレベルがRTLです．

C言語からの合成ツールなどもありますが，このようなツールは，本来逐次（順番通り1ステップずつ）実行する言語要素の中から，並列化が可能な部分を解析し，これらを並列化，最適化して回路を合成していき

ますが，アルゴリズムからの合成は，携帯電話用LSI開発など，実用化例もあるもののまだまだ発展の余地のある技術です．

これに対しRTLからの合成は，技術的に熟成されています．例にあげた乗算器などは，FPGAの上に設計済のハード・マクロがありますから，そのまま使用できます．

● VHDLとVerilog HDL

FPGA設計で広く用いられているHDLに，VHDLとVerilog HDLがあります．この選択に迫られたときに，その言語の使われ方と特徴を理解しておくとよいでしょう．

Verilog HDLは，もともとはシミュレータに回路を入力するために生まれ，1995年にIEEE 1364として規格化されました．よって，回路で使用されるインスタンスとその接続情報をネットリストとして記述することが当初の目的になっています．

ASIC設計では，最終評価用として決められているシミュレータを使ったシミュレーションをパスしないと製造できません．このシミュレータとして標準的だったのがVerilog HDLです．このため，ASIC設計ではVerilog HDLが広く使われています．

VHDLは，米国国防総省が，納入されるLSIの仕様を記述するために理想的な言語仕様を定めたことから始まっています．VHDLは，1992年にIEEE 1164として規格化されています．汎用の言語を目指しているため規模が大きく，多様な記述が可能でありながら，あいまいさがありません．

同じ仕様をVerilog HDLで書いた場合とVHDLで書いた場合では，VHDLのほうがステップ数が2倍程度に増えます．このため，記述自体はVerilog HDLのほうが楽です．しかし書いた後は，言語仕様が厳密なVHDLのほうがあいまいさがなく，コードを読みやすくなります．

# 第3章　FPGA＆開発ツール入門

## FPGA/PLDを使い始めるための基礎知識
### 三上 廉司

　この章からは，本書付属CD-ROMにPDFで収録されている記事について，テーマ別に分類して概要を紹介します．目的の記事を探す際の参考にしてください．また，その記事が特集や連載の一部を構成していることがあります．近くには関連する記事が潜んでいるかもしれません．さまざまな記事に目を通していただければ，活用の道はさらに広がると思います．

　この章では，FPGAを初めて使う人に役立つ入門記事を集めています．本書付属CD-ROMに収録されているFPGAおよび開発ツールに関する入門記事の一覧を表1に示します．

**表1　FPGAおよび開発ツールに関する入門記事の一覧**（複数に分類される記事は，他の章で概要を紹介している場合がある）

| 記事タイトル | 掲載号 | ページ数 | PDFファイル名 |
|---|---|---|---|
| FPGA/CPLD向け論理合成ツールやシミュレータの割安感が急騰 | Design Wave Magazine 2001年1月号 | 8 | dw2001_01_104.pdf |
| WebPACK ISE体験レポート | Design Wave Magazine 2001年3月号 | 6 | dw2001_03_105.pdf |
| 100万ゲートPLD時代の開発ツール Quartus II | Design Wave Magazine 2001年9月号 | 5 | dw2001_09_134.pdf |
| ASICの衰退とFPGAの栄華を予言 | Design Wave Magazine 2001年9月号 | 3 | dw2001_09_151.pdf |
| プログラマブル・デバイスの基礎 | Design Wave Magazine 2003年1月号 | 10 | dw2003_01_028.pdf |
| 低コストLSI開発におけるトレードオフ評価事例 | Design Wave Magazine 2003年4月号 | 7 | dw2003_04_147.pdf |
| FPGAの基礎と最新動向 | Design Wave Magazine 2003年10月号 | 5 | dw2003_10_044.pdf |
| 付属のFPGA基板について | Design Wave Magazine 2003年10月号 | 3 | dw2003_10_049.pdf |
| Cycloneファミリの機能 | Design Wave Magazine 2003年10月号 | 8 | dw2003_10_052.pdf |
| FPGA/PLDの基礎知識 | Design Wave Magazine 2005年1月号 | 5 | dw2005_01_024.pdf |
| 本誌付属Spartan-3基板の概要 | Design Wave Magazine 2005年1月号 | 6 | dw2005_01_029.pdf |
| Spartan-3ファミリの機能 | Design Wave Magazine 2005年1月号 | 7 | dw2005_01_035.pdf |
| ようこそFPGA/ASIC設計の世界へ！ | Design Wave Magazine 2005年5月号 | 8 | dw2005_05_022.pdf |
| FPGA/ASIC開発の流れを理解する | Design Wave Magazine 2005年5月号 | 9 | dw2005_05_030.pdf |
| 今，フラッシュFPGAが求められている理由 | Design Wave Magazine 2005年10月号 | 7 | dw2005_10_088.pdf |
| 最新のフラッシュFPGAを動かしてみた | Design Wave Magazine 2005年10月号 | 11 | dw2005_10_102.pdf |
| 統合開発環境で設計から検証までを体験する | Design Wave Magazine 2007年3月号 | 19 | dw2007_03_047.pdf |
| FPGAの基礎知識 | Design Wave Magazine 2007年7月号 | 3 | dw2007_07_032.pdf |
| 付属FPGA基板の概要 | Design Wave Magazine 2007年7月号 | 6 | dw2007_07_035.pdf |
| Spartan-3Eファミリの概要 | Design Wave Magazine 2007年7月号 | 9 | dw2007_07_041.pdf |
| 開発期間短縮のために設計資産を活用しよう | Design Wave Magazine 2008年10月号 | 2 | dw2008_10_028.pdf |
| CPLD/FPGAの基礎 | Interface 2001年11月号 | 12 | if_2001_11_063.pdf |
| 組み込み業界必須の知識 ～FPGAとVHDL/Verilog HDL～ | Interface 2009年9月号 | 2 | if_2009_09_056.pdf |

| 記事タイトル | 掲載号 | ページ数 | PDFファイル名 |
|---|---|---|---|
| ハードウェアの動作をパソコンで解析する | Interface 2009年9月号 | 10 | if_2009_09_094.pdf |
| マルチベンダ対応のUSB-JTAG書き込みケーブルは便利！ | Interface 2009年9月号 | 1 | if_2009_09_138.pdf |
| 21世紀のロジック回路設計シーン | トランジスタ技術 2001年5月号 | 4 | 2001_05_168.pdf |
| 知っておきたいロジックICの電気的特性 | トランジスタ技術 2001年5月号 | 13 | 2001_05_198.pdf |
| お話し「ディジタル回路入門」 | トランジスタ技術 2003年5月号 | 12 | 2003_05_111.pdf |
| ディジタル回路の必要性と成り立ち | トランジスタ技術 2006年4月号 | 9 | 2006_04_152.pdf |
| Spartan-3Eスタータキット試用レポート | トランジスタ技術 2007年6月号 | 6 | 2007_06_256.pdf |
| 開発環境Quartus IIとCPLD MAX IIの全体像 | トランジスタ技術 2008年12月号 | 5 | 2008_12_104.pdf |
| FPGAならではの応用例 | トランジスタ技術 2009年3月号 | 2 | 2009_03_084.pdf |
| FPGAって何？ | トランジスタ技術 2009年3月号 | 8 | 2009_03_088.pdf |
| FPGAのしくみと開発に使うソフトとハード | トランジスタ技術 2009年3月号 | 6 | 2009_03_096.pdf |
| FPGAにプログラムを書き込む方法 | トランジスタ技術 2009年3月号 | 8 | 2009_03_102.pdf |
| FPGA選択ガイド | トランジスタ技術 2009年3月号 | 4 | 2009_03_144.pdf |
| FPGA入手ガイド | トランジスタ技術 2009年3月号 | 1 | 2009_03_148.pdf |
| アナログもディジタルも一新！PSoC3 CY8C3866 | トランジスタ技術 2010年10月号 | 7 | 2010_10_165.pdf |
| 半導体プロセス/ディジタル回路ほか | トランジスタ技術 2010年12月号 | 6 | 2010_12_098.pdf |
| 1万円でおつりがくるCPLD/FPGA入門環境 | トランジスタ技術 2010年12月号 | 1 | 2010_12_104.pdf |

## プログラマブル・デバイスの基礎

（Design Wave Magazine 2003年1月号）

**10ページ**

　記事の前半では，SPLDとCPLDの特徴を基礎から解説しています．後半では，この号で付属したAltera社のCPLD，MAX7000ファミリのアーキテクチャについて解説しています（**写真1**）．

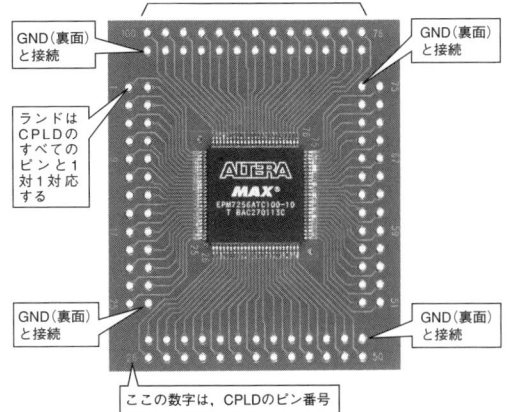

写真1　Design Wave Magazine 2003年1月号に付属したMAX7000基板

## FPGAの基礎と最新動向

（Design Wave Magazine 2003年10月号）

5ページ

　CPLDとFPGAの構造の比較や，FPGAの進化の歴史について解説しています（図1）．FPGAに対抗して，通常より短納期・低コストで開発できるストラクチャードASICについても触れています．これからFPGAを始める方には，好適な導入記事です．

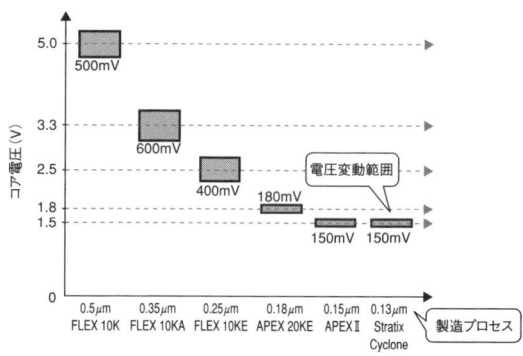

図1　FPGAの進化とコア電圧の変化

## ようこそFPGA/ASIC設計の世界へ！

（Design Wave Magazine 2005年5月号）

8ページ

　これからFPGA/ASIC設計を目指すエンジニアに必要となる心構えを解説しています．自分の技術を見直し，弱点を補強するために参考になるチェック・リストがあります（表2）．また，そのための演習問題と論理回路の基礎解説があります．

表2　論理設計知識／経験チェック・リスト

| No. | 質　問 | チェック欄 |
|---|---|---|
| 1 | 論理合成ツールやシミュレーション・ツールを使える | |
| 2 | 言語設計の経験がある | |
| 3 | 論理合成ツールが自動生成した論理回路を見たことがある | |
| 4 | ゲート・レベルで論理回路を設計したことがある | |
| 5 | 論理圧縮の意味や手法を知っている | |
| 6 | 自分で論理圧縮をしたことがある | |
| 7 | ブール代数を知っている | |
| 8 | 10進／2進／8進／16進数間の数値変換や演算ができる | |

## FPGA/PLDの基礎知識

（Design Wave Magazine 2005年1月号）

5ページ

　FPGA/PLDの歴史と動向を解説しています．各社のデバイスを広範に取り上げ，製造プロセス技術やゲート数の比較を行いながら，FPGA/PLDを解説しています（図2）．

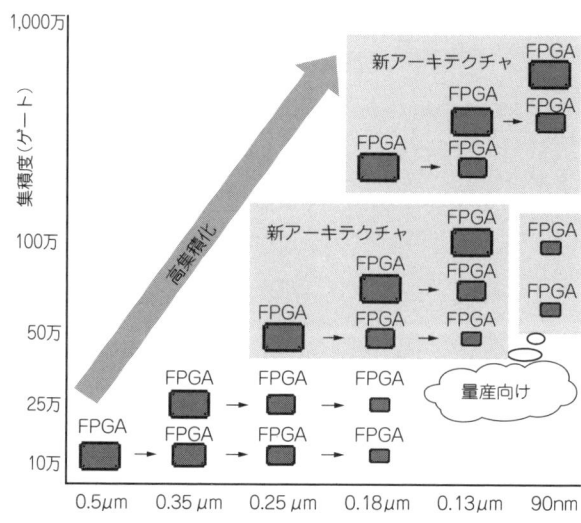

図2　FPGAの動向

# 特集 手軽にはじめるFPGA 第1部
（トランジスタ技術 2009年3月号）

全24ページ

　FPGAの特徴や仕組み，開発方法を，FPGAならではの実例とともに解説した特集の前半部分です．

● FPGAならではの応用例（2ページ）

　FPGAを活用した四つのシステムについて，FPGAの役割の概要を説明しています．
① H8マイコンROMエミュレータ（**写真2**）
② 簡易ディスプレイ表示アダプタ（**写真3**）
③ 多入力パネルの低ノイズ制御（**写真4**）
④ CPUに負荷をかけずに定期的に時刻を補正（**写真5**）

● FPGAって何？（8ページ）

　カラーのイラストを交えた初心者向けのFPGAの解説です．特にマイコンとの違いや設計の流れについて概念的に分かりやすく解説しています．

● FPGAのしくみと開発に使うソフトとハード（6ページ）

　FPGAの内部構造とFPGA開発ツールの概要について，設計手順とともに解説しています．

● FPGAにプログラムを書き込む方法（8ページ）

　無償で利用可能な開発ツールの入手法とインストール，サンプル設計を利用した開発ツールの使い方を操作画面を交えながら，分かりやすく解説しています．

写真2　H8マイコンROMエミュレータ

写真4　多入力パネルの低ノイズ制御

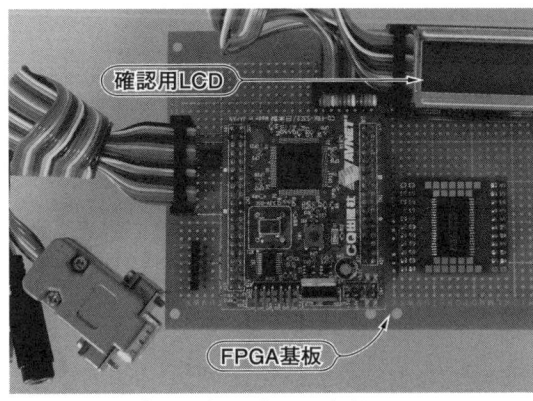

写真3　簡易ディスプレイ表示アダプタ

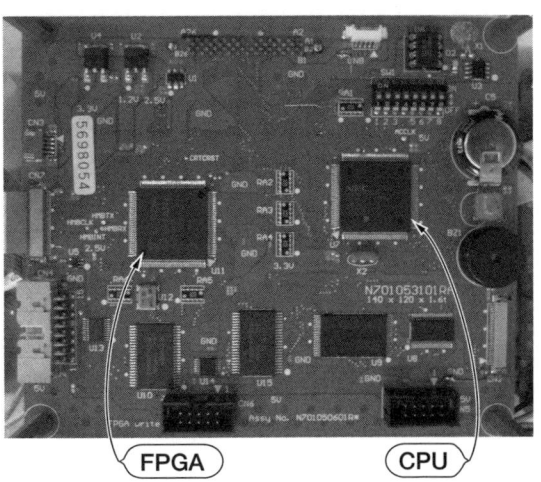

写真5　CPUに負荷をかけずに定期的に時刻を補正

**FPGA/PLD入門記事全集**

## FPGAの基礎知識

(Design Wave Magazine 2007年7月号) **3ページ**

FPGAを使ったことのない人のための入門記事です．任意の論理を実現可能にするための内部構造や，FPGAならではの使われ方について解説しています．

## ディジタル回路の必要性と成り立ち

(トランジスタ技術 2006年4月号) **9ページ**

ディジタル回路の基礎知識をまとめた記事です．記事の前半では，回路をディジタル化する利点を説明しています．後半では，論理ゲートやフリップフロップを使った回路設計の基礎からマイコンの基本構造までを解説しています（図3）．

## CPLD/FPGAの基礎

(Interface 2001年11月号) **12ページ**

FPGAとCPLDの基本構造と特徴について，回路情報を記憶する仕組みと論理ブロックの構造の両面から解説しています．また，回路アーキテクチャに適したデバイスの選択方法について触れています．開発ツールと設計手順の説明もあります．

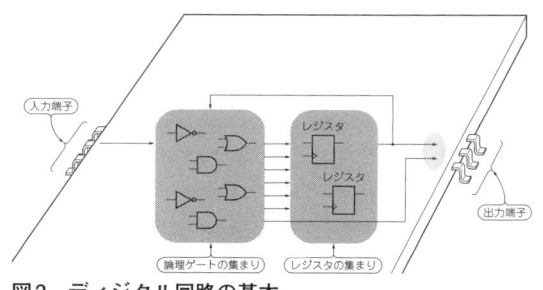

図3 ディジタル回路の基本

## 半導体プロセス／ディジタル回路ほか

(トランジスタ技術 2010年12月号) **6ページ**

大型のアナログ・ハイブリッドICから，高集積のLSIまで，さまざまな半導体のICパッケージを写真で紹介しています．また，プロセス・ルールと論理ゲート数，消費電力，処理性能速度などについて初心者向けに解説しています（写真6）．

写真6 半導体チップの例

## 低コストLSI開発における
## トレードオフ評価事例

（Design Wave Magazine 2003年4月号）

**7ページ**

ASICに対抗すべく登場した低コストFPGA Cycloneのアーキテクチャ設計についての，FPGAベンダによる解説です．想定するアプリケーションの要求仕様からアーキテクチャが決定していることが分かります（図4）．

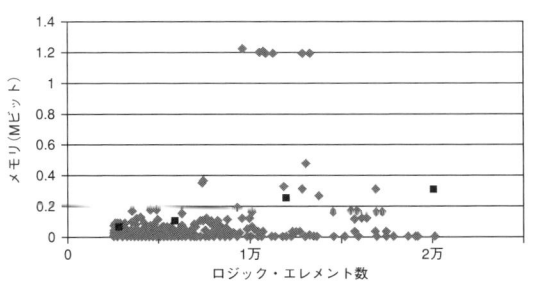

図4　低コスト向けFPGA向け設計の分析

## Cycloneファミリの機能

（Design Wave Magazine 2003年10月号）

**8ページ**

Altera社の低コストFPGA Cyclone（写真7）の内部構造や，内蔵機能を有効利用するコツについての解説しています．また新しくなったコンフィグレーションROMや，低電圧化したコア電源のための回路設計についても説明しています．

写真7　Cycloneファミリの外観

## Spartan-3Eファミリの概要

（Design Wave Magazine 2007年7月号）

**9ページ**

Xilinx社の低コストFPGA Spartan-3Eの内部構造や，ハード・マクロで搭載されているメモリ・ブロック，乗算器などの専用機能ブロック構造について解説しています．Xilinx社にはSpartan-3の名前を持つ複数のファミリがあります．Spartan-3Eの位置づけについても説明しています（図5）．

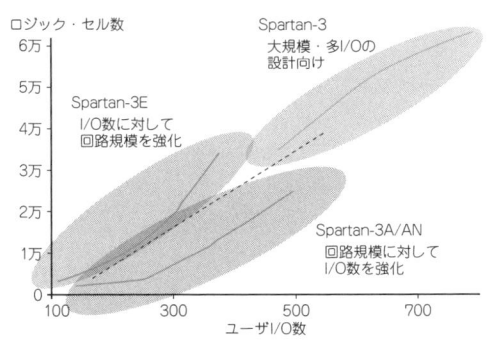

図5　Spartan-3 GenerationにおけるSpartan-3Eの位置づけ

## アナログもディジタルも一新！
## PSoC3 CY8C3866

（トランジスタ技術 2010年10月号）　**7ページ**

Cypress Semiconductor社のプログラマブル・デバイスPSoC3の概要を，従来製品のPSoC 1との比較を行いながら解説しています．PSoC3は，プログラマブルなディジタル回路ブロック（図6）とアナログ回路ブロックのほか，8051プロセッサを搭載しています．

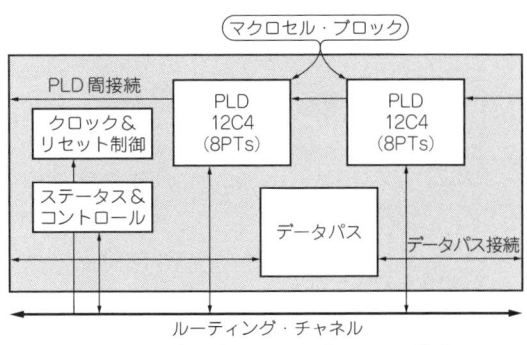

図6　PSoC 3のディジタル回路ブロックの構造

## 本誌付属Spartan-3基板の概要

（Design Wave Magazine 2005年1月号）

6ページ

　Design Wave Magazine 2005年1月号に付属したSpartan-3基板（**写真8**）についての解説です．FPGA基板の回路設計や使い方についての基礎的な情報が得られます．

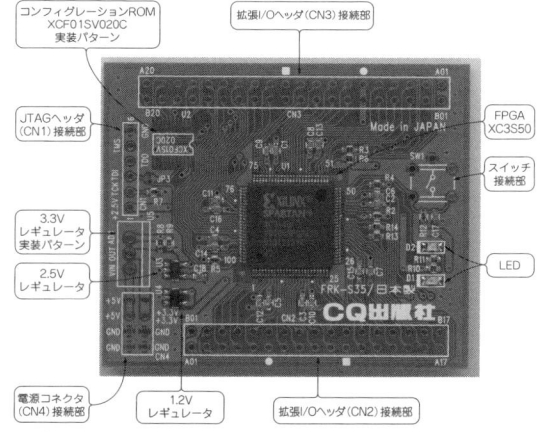

**写真8** Design Wave Magazine 2005年1月号付属Spartan-3基板

## 最新のフラッシュFPGAを動かしてみた

（Design Wave Magazine 2005年10月号）

11ページ

　Actel社（現在はMicrosemi社）のフラッシュFPGA ProASIC3についての解説です．フラッシュFPGAの特徴を解説した後，具体的な開発手順を説明しています．評価ボード（**写真9**）の試用レポートのほか，設計に当たっての注意点などについても触れています．

**写真9** ProASIC3/3Eの評価ボード

## 付属FPGA基板の概要

（Design Wave Magazine 2007年7月号）

6ページ

　Design Wave Magazine 2005年1月号に付属したSpartan-3E基板（**写真10**）についての解説です．FPGAを動作させるための必要不可欠な周辺回路，コンフィグレーションや電源仕様などを知ることができます．

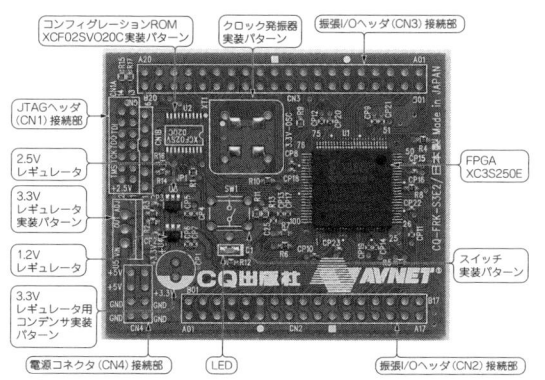

**写真10** Design Wave Magazine 2007年7月号付属Spartan-3E基板

## Spartan-3Eスタータキット試用レポート

(トランジスタ技術 2007年6月号)　　6ページ

Xilinx社のSpartan-3Eスタータキット(**写真11**)に，8ビットCPUコアのPico Blazeを用いた回路を実装し，液晶表示器に文字を表示させてみた結果を報告しています．具体的な手順を操作画面を交えて紹介しています．

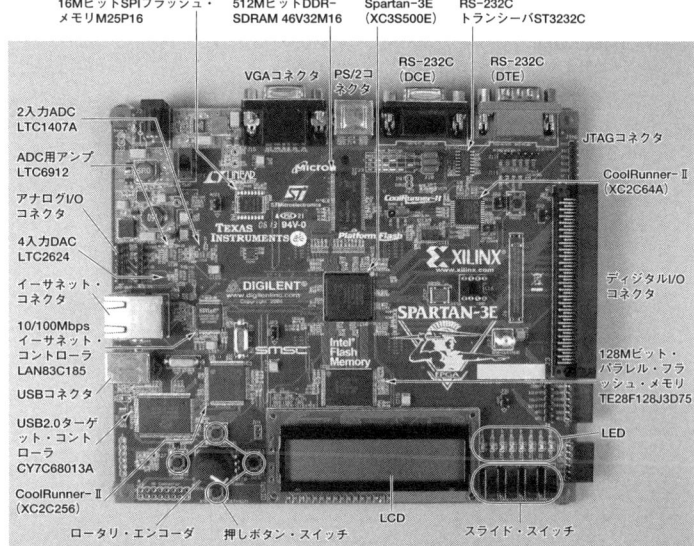

**写真11**
Spartan-3Eスタータキット

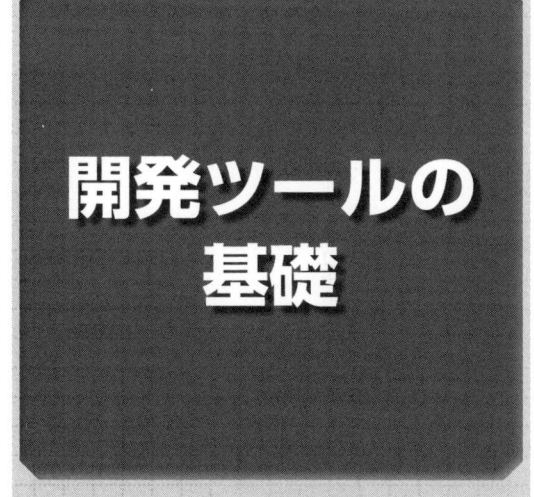

開発ツールの基礎

## WebPACK ISE体験レポート

(Design Wave Magazine 2001年3月号)　　6ページ

Xilinx社から無償で提供されている開発ツールWebPACK ISEの入手方法や使い方を紹介しています．当時，無償版の開発ツールを使って設計できたのはCPLDだけでした．比較的小規模なFPGA(Spartan-2やVirtex-Eの一部)に初めて対応したタイミングの記事です．

## カスタムLSIの作り方

(Design Wave Magazine 2008年4月号)　　14ページ

カスタムLSIをいくつかのグループに分類して解説し，LSI設計フローに関しては機能設計，論理設計，物理設計(レイアウト)，静的タイミング解析，テストの工程に分けて，工程ごとの解説を行っています．

## 100万ゲートPLD時代の開発ツールQuartus II

(Design Wave Magazine 2001年9月号)

**5ページ**

　Altera社のFPGA開発ツールQuartus IIの試用レポート記事です(**図7**)．Quartus IIにバージョンアップしたタイミングの記事で，従来のQuartusとの比較もしています．

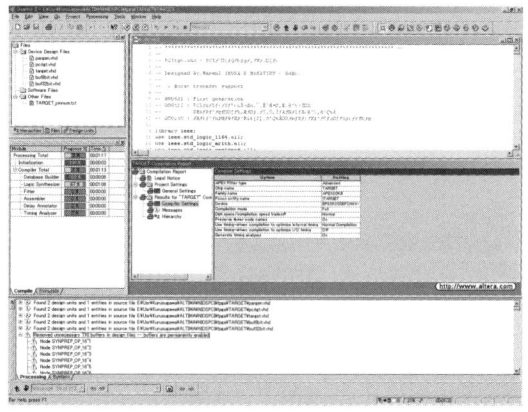

図7　Quartus IIの画面

## FPGA/ASIC開発の流れを理解する

(Design Wave Magazine 2005年5月号)

**9ページ**

　FPGA/ASICの開発手順の解説です．システム設計の開発フローを示して，FPGA/ASICの開発でも同様であることを説明しています(**図8**)．また，回路図による設計とHDLによる設計の比較をしています．

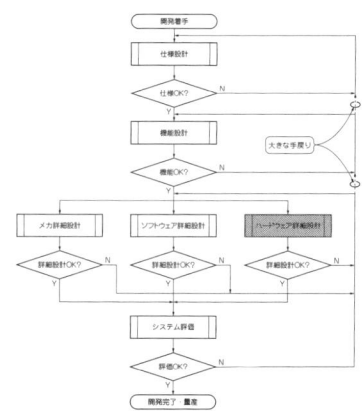

図8　システム開発フロー

## 統合開発環境で設計から検証までを体験する

(Design Wave Magazine 2007年3月号)

**19ページ**

　Aldec社のFPGA統合開発環境Active-HDLの無償版を使って，HDLによる設計とシミュレーションによる検証を解説しています．カウントダウン・タイマを設計例として，開発手順をツール画面を表示しながら説明しています(**図9**)．

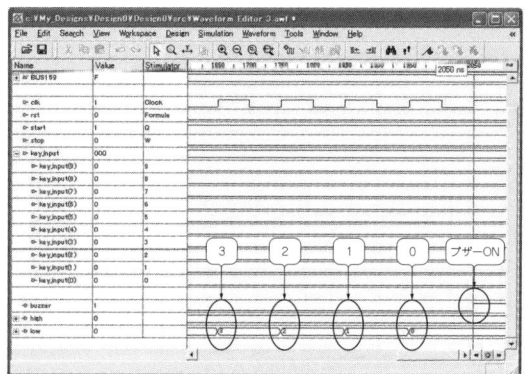

図9　カウントダウン・タイマのシミュレーション

## 1万円でおつりがくるCPLD/FPGA入門環境

(トランジスタ技術 2010年12月号)

**1ページ**

　FPGAの開発をこれから始める入門者向けの開発環境についての解説記事です．ASICの開発では，1,000万円以上する開発ツール使う必要がありますが，FPGAの開発であれば1万円以下でも環境が整います(**写真12**)．

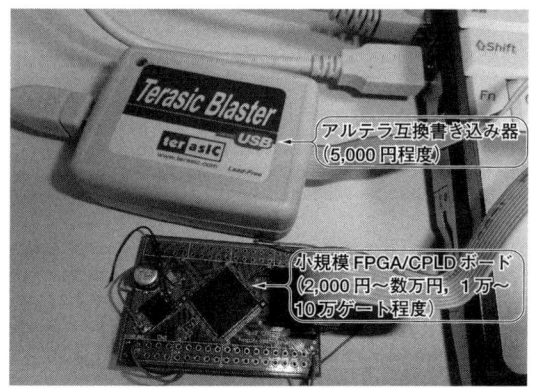

写真12　低価格で入手できるCPLDの開発環境

動向レポート

## FPGA/CPLD向け論理合成ツールやシミュレータの割安感が急騰

（Design Wave Magazine 2001年1月号）

8ページ

もともとASIC用にUNIX版で提供されていた1,000万円のツールが，FPGA用にWindows版として1/10程度の価格で販売されるようになりました．そしてこれがFPGAベンダにOEMされ，無償で提供されるようになりました．こうした開発ツールの動向を解説しています．

## ASICの衰退とFPGAの栄華を予言

（Design Wave Magazine 2001年9月号）

3ページ

第38回 Design Automation Conference（DAC）のレポート記事です．ASICに対してのFPGAの将来性が感じられます．検証，システム・レベルの開発，設計教育が課題になっています．

## 今，フラッシュFPGAが求められている理由

（Design Wave Magazine 2005年10月号）

7ページ

フラッシュ・メモリ技術を利用したFPGAのアーキテクチャや特徴を解説しています（図10）．フラッシュFPGAが各社から発売されはじめた時期の記事です．書き換え可能で不揮発性であることの利点や将来性を技術面から解説しています．

## FPGA選択ガイド

（トランジスタ技術 2009年3月号） 4ページ

FPGAの選び方をパッケージ，I/O数，消費電力，評価ボードや，ロジック規模の見積もり例などから解説しています．

## FPGA入手ガイド

（トランジスタ技術 2009年3月号） 1ページ

FPGAベンダ6社と，実際の入手先になる販売店9社を紹介しています．

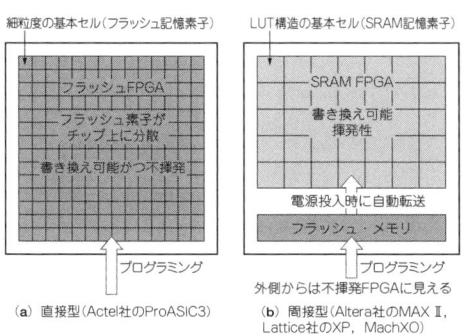

図10 フラッシュFPGAのアーキテクチャ

# 第4章　FPGA設計入門

## 小規模な回路を記述して動作させる
三上廉司，編集部

　FPGAの設計技術を身に付けるには，体験してみることが有効です．まずは，小規模な回路を例題として使い，開発工程の最初から最後までの一連の流れを実際に行ってみます．簡単な回路記述から基板で動作させるまでの流れを体験できれば短時間に理解が深まります．

　FPGA設計では，ベンダごとに使用するツールが異なりますが，本質的な設計の流れは変わりません．

　FPGA設計をこれから始めようとする人に参考になる入門記事の一覧を表1に示します．FPGA設計ではほとんどの場合，HDL(Hardware Description Language；ハードウェア記述言語)を用います．HDL設計についての詳しい解説記事は第5章で紹介しています．またCPLDに特化した記事は第7章，アプリケーション設計事例の記事は第8章で紹介しています．

**表1　FPGA設計入門記事の一覧**

| 記事タイトル | 掲載号 | ページ数 | PDFファイル名 |
|---|---|---|---|
| HDLによるPLD設計の実際！ | Design Wave Magazine 2001年1月号 | 26 | dw2001_01_028.pdf |
| 回路図からHDLへの変換 | Design Wave Magazine 2001年1月号 | 16 | dw2001_01_054.pdf |
| ディジタル時計の製作 | Design Wave Magazine 2001年1月号 | 12 | dw2001_01_070.pdf |
| 低消費電力PLDを使った電圧計の製作 | Design Wave Magazine 2001年1月号 | 10 | dw2001_01_082.pdf |
| LPMを使った設計（前編） | Design Wave Magazine 2001年3月号 | 13 | dw2001_03_092.pdf |
| LPMを使った設計（後編） | Design Wave Magazine 2001年4月号 | 7 | dw2001_04_076.pdf |
| PLDボードにLED点滅回路を実装する | Design Wave Magazine 2002年1月号 | 10 | dw2002_01_084.pdf |
| HDLによるLSI設計を体験する | Design Wave Magazine 2003年4月号 | 14 | dw2003_04_072.pdf |
| FPGA開発ツールの使いかたと動作確認 | Design Wave Magazine 2003年10月号 | 12 | dw2003_10_060.pdf |
| 汎用評価ボードの製作 | Design Wave Magazine 2003年10月号 | 8 | dw2003_10_072.pdf |
| 学習用マイコン・ボードの製作 | Design Wave Magazine 2003年10月号 | 10 | dw2003_10_080.pdf |
| 簡易シリアル端末の製作 | Design Wave Magazine 2003年10月号 | 12 | dw2003_10_090.pdf |
| 野球ゲームの製作 | Design Wave Magazine 2003年10月号 | 10 | dw2003_10_102.pdf |
| USBホスト・コントローラの製作 | Design Wave Magazine 2003年10月号 | 10 | dw2003_10_121.pdf |
| FPGA開発ツールの使いかた | Design Wave Magazine 2005年1月号 | 12 | dw2005_01_042.pdf |
| ソフト・マクロのCPUの実装法 | Design Wave Magazine 2005年1月号 | 10 | dw2005_01_054.pdf |
| オリジナル・マイコンの製作 | Design Wave Magazine 2005年1月号 | 2 | dw2005_01_064.pdf |
| 汎用評価ボードの製作 | Design Wave Magazine 2005年1月号 | 10 | dw2005_01_066.pdf |

| 記事タイトル | 掲載号 | ページ数 | PDFファイル名 |
|---|---|---|---|
| AC'97音声出力回路の製作 | Design Wave Magazine 2005年1月号 | 11 | dw2005_01_076.pdf |
| HDLによるLSI設計を体験する | Design Wave Magazine 2005年4月号 | 15 | dw2005_04_024.pdf |
| FPGA開発ツールでシミュレーションを体験する《Xilinx編》 | Design Wave Magazine 2007年3月号 | 5 | dw2007_03_032.pdf |
| 専用ツールによる本格的シミュレーションを体験する | Design Wave Magazine 2007年3月号 | 10 | dw2007_03_037.pdf |
| FPGA開発ツールの使い方 | Design Wave Magazine 2007年7月号 | 10 | dw2007_07_050.pdf |
| ISE WebPACKのインストール | Design Wave Magazine 2007年7月号 | 6 | dw2007_07_060.pdf |
| 簡易信号発生器の製作 | Design Wave Magazine 2007年7月号 | 5 | dw2007_07_066.pdf |
| 無線受信機の製作 | Design Wave Magazine 2007年7月号 | 15 | dw2007_07_071.pdf |
| 画像処理回路の製作 | Design Wave Magazine 2007年7月号 | 9 | dw2007_07_086.pdf |
| ディジタル・オーディオ・プレーヤの製作 | Design Wave Magazine 2007年7月号 | 11 | dw2007_07_095.pdf |
| PCIインターフェース回路の製作 | Design Wave Magazine 2007年7月号 | 8 | dw2007_07_106.pdf |
| CPLD/FPGA評価キットの特徴と開発ツールのセットアップ方法 | Interface 2001年11月号 | 12 | if_2001_11_075.pdf |
| CPLD/FPGA開発ツールの使い方 | Interface 2001年11月号 | 17 | if_2001_11_087.pdf |
| HDL記述によるアラーム機能付きディジタル時計の設計/製作 | Interface 2001年11月号 | 13 | if_2001_11_104.pdf |
| SoC時代のシステム設計の現状 | Interface 2005年6月号 | 7 | if_2005_06_040.pdf |
| プログラマブル・デバイスって何だろう | Interface 2005年6月号 | 6 | if_2005_06_047.pdf |
| VHDL & Verilog-HDL入門 | Interface 2005年6月号 | 6 | if_2005_06_053.pdf |
| FPGAによるシリアル・コントローラの設計事例 | Interface 2005年6月号 | 20 | if_2005_06_059.pdf |
| FPGAによる3Dグラフィックス表示システムの設計事例 | Interface 2005年6月号 | 8 | if_2005_06_079.pdf |
| Niosを使うための開発ツールSOPCビルダの使い方 | Interface 2005年6月号 | 4 | if_2005_06_087.pdf |
| FPGAによるMP3プレーヤの設計事例 | Interface 2005年6月号 | 21 | if_2005_06_091.pdf |
| FPGA実機デバッグのための最新ツールの概要 | Interface 2005年6月号 | 10 | if_2005_06_112.pdf |
| ロジック回路シミュレーションの実際 | Interface 2005年6月号 | 4 | if_2005_06_122.pdf |
| 組み込み業界必須の知識<br>～FPGAとVHDL/Verilog HDL～ | Interface 2009年9月号 | 2 | if_2009_09_056.pdf |
| ソフトウェアとハードウェアの関係を理解する | Interface 2009年9月号 | 6 | if_2009_09_058.pdf |
| VHDLとVerilog HDLの基礎概念と文法 | Interface 2009年9月号 | 12 | if_2009_09_064.pdf |
| FPGA開発の流れと開発ツールの使い方 | Interface 2009年9月号 | 12 | if_2009_09_076.pdf |
| FPGA開発ツールをインストールしよう | Interface 2009年9月号 | 6 | if_2009_09_088.pdf |
| ハードウェアの動作をパソコンで解析する | Interface 2009年9月号 | 10 | if_2009_09_094.pdf |
| ModelSimのインストール方法 | Interface 2009年9月号 | 6 | if_2009_09_104.pdf |
| VHDL/Verilog HDLの基本プログラム集 | Interface 2009年9月号 | 9 | if_2009_09_110.pdf |
| ステート・マシンとモジュール化，階層設計を取り入れる | Interface 2009年9月号 | 9 | if_2009_09_119.pdf |
| FPGAを動作させるために必要な知識 | Interface 2009年9月号 | 2 | if_2009_09_128.pdf |
| FPGAでリバーシ・プレーヤを作ろう！ | Interface 2009年9月号 | 8 | if_2009_09_130.pdf |
| マルチベンダ対応のUSB-JTAG書き込みケーブルは便利！ | Interface 2009年9月号 | 1 | if_2009_09_138.pdf |

**FPGA/PLD入門記事全集**

# 特集 HDLでFPGA/PLD設計をはじめよう！

（Design Wave Magazine 2001年1月号）　　全64ページ

　FPGA/PLDの回路をVHDLで記述して動作させるまでを解説した特集です．前半はチュートリアルです．FPGA/PLD回路設計の流れを説明しています．後半は設計事例です．

● HDLによるPLD設計の実際！（26ページ）

　仕様から回路をHDLコードを記述してFPGAボードで動作させるまでの流れを具体的に解説しています．題材は，非同期シリアル通信ユニットです．

● 回路図からHDLへの変換（16ページ）

　回路図ベースで設計された回路を，VHDLで設計するまでの流れを具体的に解説しています．題材は，着メロ・コード入力/演奏回路です（図1）．

● ディジタル時計の製作（12ページ）

　HDL設計の入門用アプリケーションです．自作の汎用CPLD基板を使ってディジタル時計を設計しています（写真1）．

● 低消費電力PLDを使った電圧計の製作（10ページ）

　低消費電力のCPLDを使用した，乾電池で動作するポータブル電圧計の設計事例です（写真2）．CPLDのほか，A-Dコンバータを液晶表示器で構成しています．

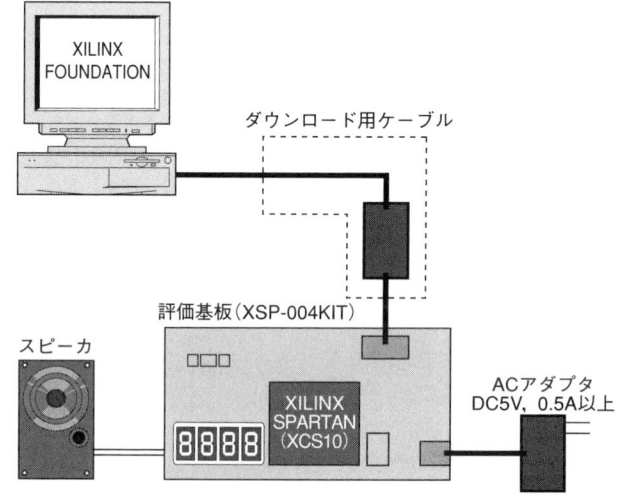

図1　着メロ・コード入力/演奏回路

写真1　汎用CPLD基板を使ったディジタル時計

写真2　乾電池で動作するポータブル電圧計

# 特集 付属FPGA基板を使った回路設計チュートリアル

(Design Wave Magazine 2003年10月号)

全62ページ

Design Wave Magazine 2003年10月号には，Altera社のCycloneを搭載する基板が付属していました．この基板を利用しながらFPGA設計技術の基本を解説する特集です．

● FPGA開発ツールの使いかたと動作確認（12ページ）

Altera社のFPGA開発ツールQuartus II Web Edition 3.0の使い方の説明です．

● 汎用評価ボードの製作（8ページ）

FPGA設計の学習に当たり，Cyclone基板を活用する際に役立つ汎用評価ボードを設計しています（写真3）．FPGAの周辺回路を設計するための技術解説もあります．

● 学習用マイコン・ボードの製作（10ページ）

Cyclone基板を汎用のマイコン基板として利用する事例です．FPGAにソフト・マクロのCPUコアと，各種I/O機能を実装しています．

● 簡易シリアル端末の製作（12ページ）

Cyclone基板に液晶表示器とキーボードを接続して実現したシリアル端末の設計事例です（写真4）．制御には独自に設計したCPUコアを利用しています．

● 野球ゲームの製作（10ページ）

Cyclone基板にスイッチとLEDを外付けしたシンプルなハードウェアで楽しめる野球ゲームの設計事例です（写真5）．ゲームの処理は，独自に設計したCPUコアを用いたソフトウェア処理で実現しています．

● USBホスト・コントローラの製作（10ページ）

Linuxが動作するCPUボードに接続して使えるUSBホスト・コントローラの設計事例です（写真6）．

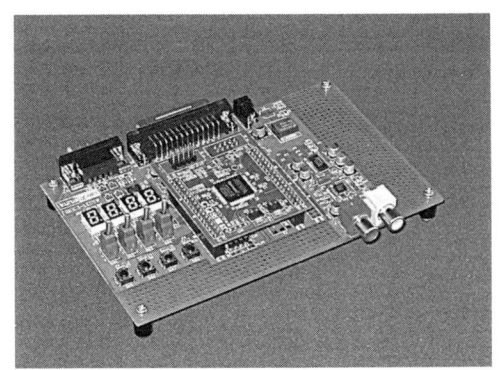

写真3 汎用評価ボード

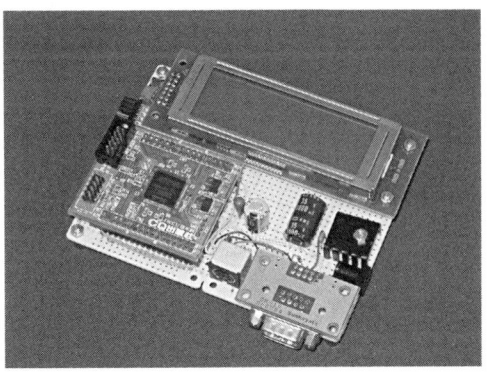

写真4 簡易シリアル端末

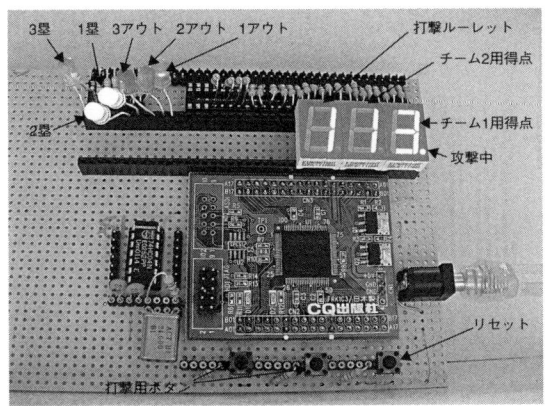

写真5 野球ゲーム

写真6 USBホスト・コントローラ

**FPGA/PLD入門記事全集**

# 特集 付属FPGAを使った回路設計チュートリアル Part 2

(Design Wave Magazine 2005年1月号)

全45ページ

Design Wave Magazine 2005年1月号には，Xilinx社のSpartan-3を搭載する基板が付属していました．この基板を利用しながらFPGA設計技術の基本を解説する特集です．

● FPGA開発ツールの使いかた(12ページ)

FPGA開発ツールISE WebPACK 6.3iの使い方を解説しています．ツールのインストールから，サンプル回路を使った設計を行い，FPGA基板を動作させるまでの流れを，画面イメージを示しながら説明しています．

● ソフト・マクロのCPUの実装法(10ページ)

無償で利用可能な8ビットCPUコアのPico Blazeを，FPGA基板に実装して動作させる手順を説明しています．

● オリジナル・マイコンの製作(2ページ)

FPGA基板に周辺機能と組み合わせたCPUコアを実装して，汎用マイコン基板として使えるようにする方法を解説しています(**図2**)．

● 汎用評価ボードの製作(10ページ)

FPGA基板を利用する際に便利な入出力回路を搭載した評価ボードの設計事例です(**写真7**)．プリント基板の設計方法についても解説しています．

● AC'97音声出力回路の製作(11ページ)

FPGA基板にAC'97 CODEC LSIを追加して実現した音声出力回路の設計事例です(**写真8**)．

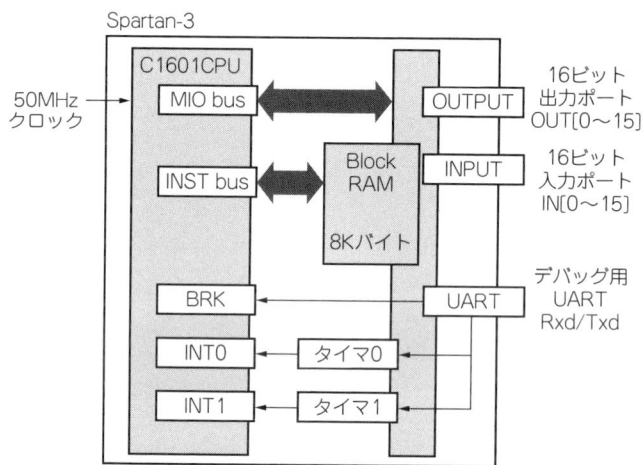

図2　FPGAで実現した1チップ・オリジナル・マイコンの構成

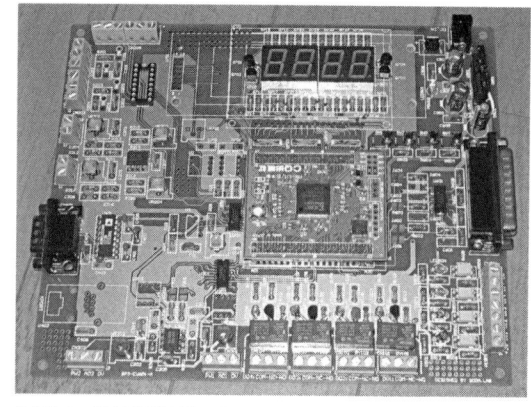

写真7　汎用評価ボード

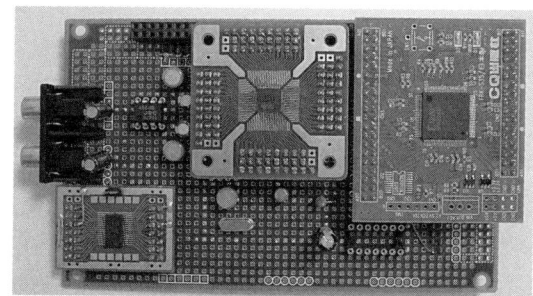

写真8　AC'97音声出力回路

# 特集 付属FPGAを使った回路設計チュートリアル Part 3

(Design Wave Magazine 2007年7月号)

全64ページ

Design Wave Magazine 2007年1月号には，Xilinx社のSpartan-3Eを搭載する基板が付属していました．この基板を利用しながらFPGA設計技術の基本を解説する特集です．

● FPGA開発ツールの使い方（10ページ）

FPGA開発ツールISE WebPACK 9.1iの使い方を解説しています．サンプル回路を使って，プロジェクトの作成から，完成した回路情報をFPGAへダウンロードするまでの手順を，画面イメージを示しながら説明しています．

● ISE WebPACKのインストール（6ページ）

FPGA開発ツールのISE WebPACKのインストール方法を説明しています．この記事が掲載された時期は，ツールを最新版にするためにはいくつかのアップデート作業が必要でした．

● 簡易信号発生器の製作（5ページ）

FPGA基板を使った正弦波発生器の設計事例です（**図3**）．無償で試用できるDDS（Direct Digital Synthesizer）コアを利用しています．

● 無線受信機の製作（15ページ）

FPGA基板を使ったディジタル受信機の設計事例です（**写真9**）．ディジタル受信機の仕組みについての解説もあります．

● 画像処理回路の製作（9ページ）

FPGA基板を使った画像処理回路の設計事例です．CMOSイメージ・センサで読み込んだ画像のエッジ検出を行います．

● ディジタル・オーディオ・プレーヤの製作（11ページ）

FPGA基板を使ったオーディオ・プレーヤの設計事例です（**写真10**）．メモリ・カードに記録したWAVファイルを再生できます．

● PCIインターフェース回路の製作（8ページ）

FPGA基板をPCIバスに接続する方法の解説です（**写真11**）．FPGAにはPCIのターゲット機能を実装し，パソコンからFPGAの内蔵機能を読み書きしたり，FPGAからパソコンに割り込みをかけたりできるようにしています．

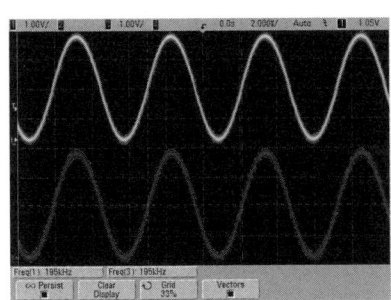

図3 簡易信号発生器の出力波形

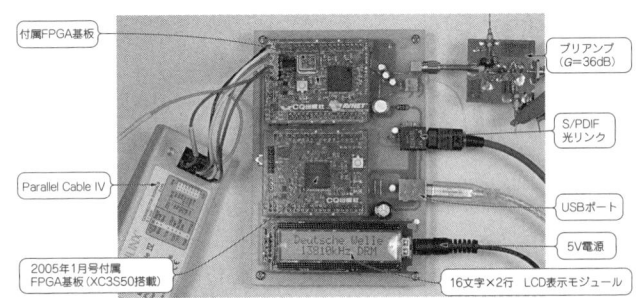

写真9 ディジタル受信機

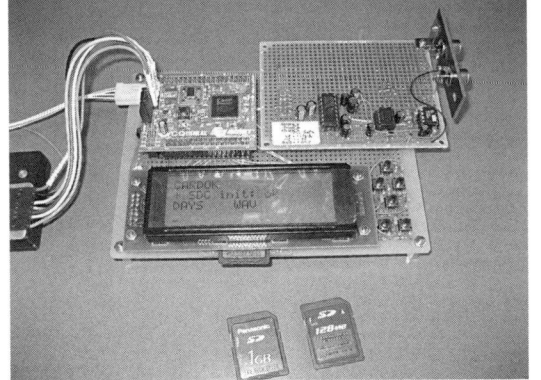

写真10 ディジタル・オーディオ・プレーヤ

写真11 PCIインターフェース回路

## LPMを使った設計

(Design Wave Magazine 2001年3月号/4月号)

**前編13ページ** **後編7ページ**

　Altera社が自社のFPGA開発ツールと一緒に提供しているLPM(Library Parameterized Module)という機能モジュール群の活用法を解説しています．LPMには演算機能やメモリ機能があります(**図4**)．MegaWizardというツールの機能を使って回路を生成できます．

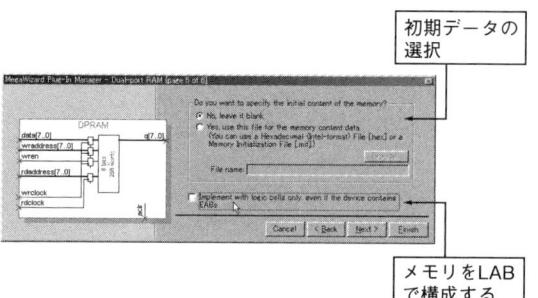

図4　MegaWizardによるデュアルポート・メモリの設計

## PLDボードに LED点滅回路を実装する

(Design Wave Magazine 2002年1月号)

**10ページ**

　無償で利用可能な開発ツールを集めた特集記事の一つです．Altera社のQuartusⅡ Web Editionを使った，PLD設計の手順を具体的に紹介しています(**図5**)．

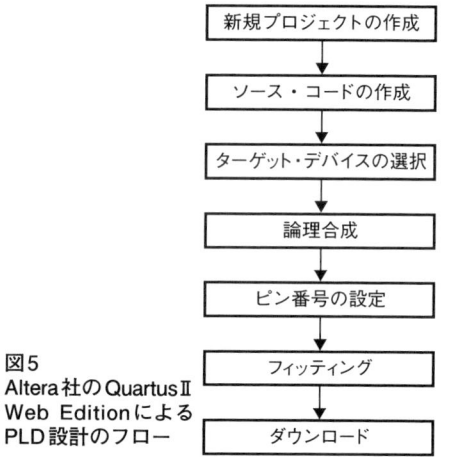

図5
Altera社のQuartusⅡ
Web EditionによるPLD設計のフロー

## HDLによるLSI設計を体験する

(Design Wave Magazine 2003年4月号)

**14ページ**

　無償で利用可能な開発ツールを集めた特集記事の一つです．Mentor Graphics社のFPGA Advantageを使った，FPGA設計の手順を具体的に紹介しています．サンプル回路はキッチン・タイマです．HDLを使ったLSI設計の基本的な流れについても説明しています．

## HDLによるLSI設計を体験する

(Design Wave Magazine 2005年4月号)

**15ページ**

　無償で利用可能な開発ツールを集めた特集記事の一つです．Design Wave Magazine 2005年1月号に付属のFPGA基板を使って，演算当てゲームを作る手順を説明しています．Xilinx社のFPGA開発ツールISE WebPACKのほか，オープン・ソースのシミュレータIcarusVerilogと波形表示ツールGTKWaveを使用しています(**図6**)．

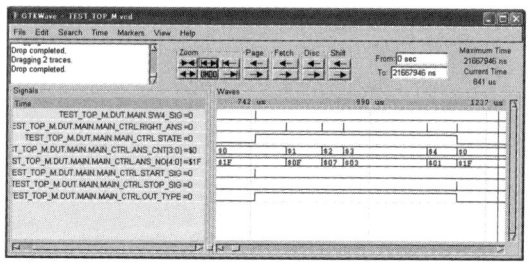

図6　シミュレーション結果の波形表示

## FPGA開発ツールでシミュレーションを体験する《Xilinx編》

（Design Wave Magazine 2007年3月号）

5ページ

　無償で利用可能な開発ツールを集めた特集記事の一つです．Xilinx社のFPGA開発ツールISEのシミュレーション機能であるISE Simulatorの使い方を説明しています（図7）．

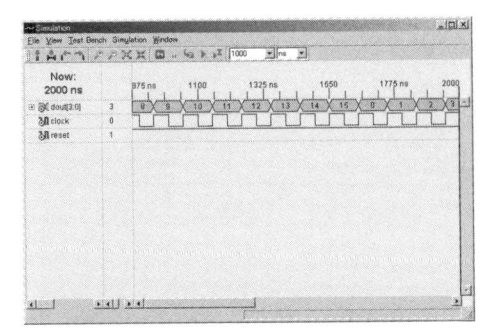

図7　ISE Simulatorによるシミュレーション

## 専用ツールによる本格的シミュレーションを体験する

（Design Wave Magazine 2007年3月号）

10ページ

　無償で利用可能な開発ツールを集めた特集記事の一つです．Mentor Graphics社のシミュレータModelSimの無償版を使って，シミュレーションによる検証の方法を説明しています（図8）．

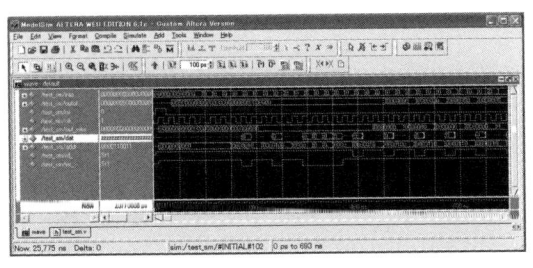

図8　ModelSimによるシミュレーション

## 特集 作りながら学ぶシステム構築術入門

（Interface 2001年11月号）

全42ページ

　CPLDやFPGAなどのプログラマブル・デバイスを使いこなすために，HDLを活用したシステム設計技法について解説した特集です．

● CPLD/FPGA評価キットの特徴と開発ツールのセットアップ方法（12ページ）

　CQ出版社の「FLEX10KE評価キット」と「Spartan-II」評価キットの概要についての解説です．

● CPLD/FPGA開発ツールの使い方（17ページ）

　Synopsys社の論理合成ツールFPGA ExpressとExemplar Logic社のLeonardo Spectrum，Altera社のMAX＋plus II，Xilinx社のWebPACK ISEといったFPGA開発で活用できるツールについて説明しています（図9）．

● HDL記述によるアラーム機能付きディジタル時計の設計/製作（13ページ）

　アラーム付きディジタル時計の設計事例の解説です．設計入力からシミュレーション，論理合成まで一連の工程を具体的に説明しています．

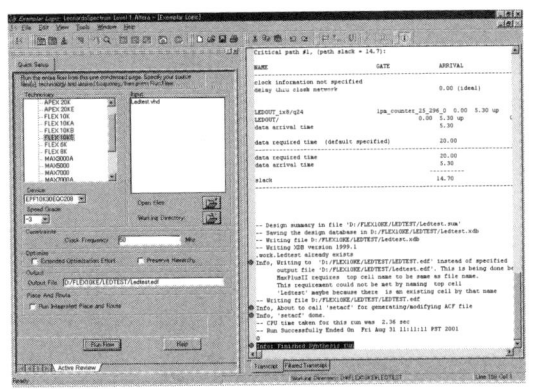

図9　Leonardo Spectrumによる論理合成

# 特集 やってみよう！FPGAシステム設計入門

（Interface 2005年6月号）

全86ページ

CPLDやFPGAを活用した，マイコン周辺デバイスの設計や，CPUコアの活用事例を集めた特集です．

● SoC時代のシステム設計の現状（7ページ）

複数の部品で構成されていたシステムが，1チップ化されていく背景と事例を紹介しています．

● プログラマブル・デバイスって何だろう（6ページ）

SPLD，CPLD，FPGAのアーキテクチャや開発ツール，コンフィグレーションの方法などについて解説しています．

● VHDL & Verilog-HDL入門（6ページ）

VHDLとVerilog HDLの両方の言語について，最も基本的な記述方法をまとめています．

● FPGAによるシリアル・コントローラの設計事例（20ページ）

マイコン周辺機能としてシリアル・コントローラを設計しています．CPUのバスの解説もあります．またシリアル・コントローラを設計する前のステップとして，LED出力とスイッチ入力のコントローラを設計しています．

● FPGAによる3Dグラフィックス表示システムの設計事例（8ページ）

FPGAを使って3次元グラフィックス表示を行う方法を解説しています（写真12）．Altera社のCycloneに，ソフト・マクロのCPUコアNiosと，グラフィックス・コントローラを実装して実現しています．

● Niosを使うための開発ツールSOPCビルダの使い方（4ページ）

ソフト・マクロのCPUコアNiosを用いる設計で使用するツールSOPC Builderの使い方を説明しています（図10）．

● FPGAによるMP3プレーヤの設計事例（21ページ）

FPGAを使ったMP3プレーヤの設計事例です．Xilinx社のVirtex-4に，ソフト・マクロのCPUコアMicroBlazeを実装し，オープン・ソースのMP3デコード・ソフトウェアを動作させることで実現しています．

● FPGA実機デバッグのための最新ツールの概要（10ページ）

FPGAの内部信号を観測できるデバッグ・ツールの紹介です．

● ロジック回路シミュレーションの実際（4ページ）

シミュレーションの際に必要なテストベンチの記述方法についての基本を説明しています．シミュレータにはMentor Graphics社のModelSimを使用しています．

写真12 3Dグラフィックス表示システム

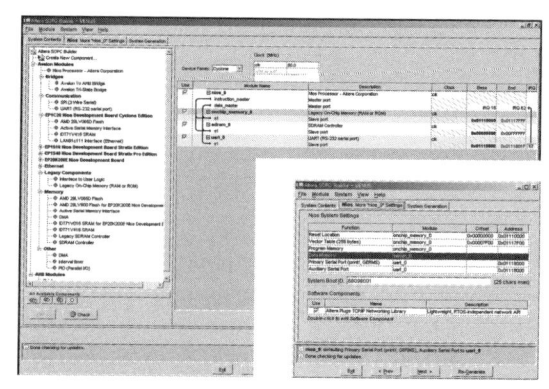

図10 SOPC Builder

# 特集 ソフトウェア技術者のためのFPGA入門

(Interface 2009年9月号)

**全83ページ**

　FPGAの設計技術を，ソフトウェア技術者向けに解説した特集です．

- **組み込み業界必須の知識**
  **～FPGAとVHDL/Verilog HDL～(2ページ)**
  ソフトウェア技術者に対してのFPGAやHDL知識の必要性を解説しています．

- **ソフトウェアとハードウェアの関係を理解する(6ページ)**
  ハードウェア設計で必要になる知識を，ソフトウェアのプログラミングと比較して解説しています．ハードウェアにおけるHello WorldともいえるLED点灯の話もあります．

- **VHDLとVerilog HDLの基礎概念と文法(12ページ)**
  ハードウェア記述言語の基本を解説しています．FPGA開発でよく使われているVHDLとVerilog HDLを比較しながら説明しています．

- **FPGA開発の流れと開発ツールの使い方 (12ページ)**
  FPGA開発ツールである，Xilinx社のISE WebPACK 11と，Altera社のQuartus II 9.0sp1 Web Editionの使い方についての解説です．動作環境としては，両社のFPGAで共通に使用できるプラットホームを使用しています．

- **FPGA開発ツールをインストールしよう(6ページ)**
  FPGA開発ツールである，Xilinx社のISE WebPACKと，Altera社のQuartus II Web Editionのインストール手順を説明しています．

- **ハードウェアの動作をパソコンで解析する (10ページ)**
  FPGA開発ツールに含まれるModelSimを使ったシミュレーションの解説です．画面表示を交えた分かりやすい説明です．

- **ModelSimのインストール方法(6ページ)**
  ModelSimのインストール方法の説明です．

- **VHDL/Verilog HDLの基本プログラム集(9ページ)**
  基本的な回路モジュールのHDL記述とシミュレーションについて解説しています．
  ①4ビット・カウンタ
  ②合計値の計算
  ③マルチプレクサ
  ④7セグメントLED
  ⑤乱数の生成
  ⑥シリアル送受信モジュール

- **ステート・マシンとモジュール化，階層設計を取り入れる(9ページ)**
  ハードウェアで逐次的に処理を行う際に活用するステート・マシンについての解説です．

- **FPGAを動作させるために必要な知識(2ページ)**
  FPGAの型名の読み取り方や，制約ファイルの記述方法を説明しています．

- **FPGAでリバーシ・プレーヤを作ろう！(8ページ)**
  システム開発工程を，アプリケーションを設計しながら解説しています．事例は，コンピュータ対戦型のリバーシ・プレーヤです(図11)．

- **マルチベンダ対応のUSB-JTAG書き込みケーブルは便利！(1ページ)**
  USBインターフェースで，複数のベンダのFPGAに対応する書き込みケーブルの紹介です．

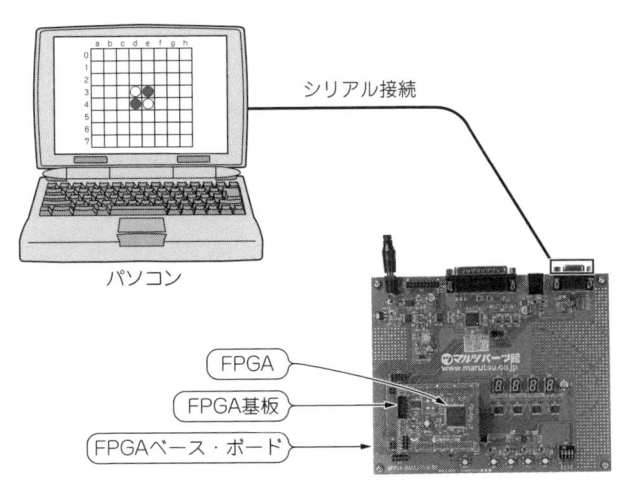

図11
リバーシ・プレーヤのシステム構成

# 第5章 HDLによるLSI設計

## 文法と回路記述の基本

三上 廉司

HDL(Hardware Description Language；ハードウェア記述言語)による記述は，デバイスのアーキテクチャから独立しています．HDLは，FPGAのみならずASIC(Application Specific Integrated Circuit；特定用途向けIC)を含むデジタルLSI設計で活用できます．

設計の現場では，試作にFPGAを活用することがよくあります．また，製品開発にFPGAを使い，数量が見込める場合に後からASIC化してコストを下げることがあります．大量生産品でASICを用いる場合であっても，仕様変更の可能性のある部分にだけはFPGAを使用するハイブリッド化もあります．

このような柔軟性に対応するには，HDLによるLSI設計の幅広い知識が不可欠です．本書の付属CD-ROMに収録されているHDL設計によるLSI設計に関する記事の一覧を表1に示します．このほか，FPGA設計の入門特集の中に含まれるHDL入門記事は第4章にもあります．

**表1 HDL設計によるLSI設計に関する記事の一覧**

| 記事タイトル | 掲載号 | ページ数 | PDFファイル名 |
|---|---|---|---|
| FPGA向けの回路記述 | Design Wave Magazine 2001年10月号 | 7 | dw2001_10_116.pdf |
| FPGA/PLDをターゲットとする論理合成 | Design Wave Magazine 2001年10月号 | 7 | dw2001_10_124.pdf |
| ハードウェア記述言語による設計とは | Design Wave Magazine 2002年11月号 | 11 | dw2002_11_040.pdf |
| Verilog HDL記述入門 | Design Wave Magazine 2002年11月号 | 7 | dw2002_11_051.pdf |
| LSIの基本設計とは | Design Wave Magazine 2002年11月号 | 9 | dw2002_11_058.pdf |
| 機能モジュールの記述 | Design Wave Magazine 2002年11月号 | 11 | dw2002_11_067.pdf |
| プログラマブル・デバイスで論理設計を学ぼう | Design Wave Magazine 2005年7月号 | 7 | dw2005_07_113.pdf |
| LEDを点滅させる | Design Wave Magazine 2005年10月号 | 5 | dw2005_10_130.pdf |
| 180秒のタイマを作る | Design Wave Magazine 2005年11月号 | 6 | dw2005_11_117.pdf |
| ディジタル時計を作る | Design Wave Magazine 2006年2月号 | 5 | dw2006_02_135.pdf |
| LSI開発における検証の重要性を考える | Design Wave Magazine 2007年3月号 | 7 | dw2007_03_020.pdf |
| ANSI C言語によるハードウェア設計を体験する | Design Wave Magazine 2008年2月号 | 13 | dw2008_02_056.pdf |
| カスタムLSIの作り方 | Design Wave Magazine 2008年4月号 | 14 | dw2008_04_020.pdf |
| FPGA搭載SiPでオリジナルLSIを作る | Design Wave Magazine 2008年4月号 | 11 | dw2008_04_047.pdf |
| なぜHDLで設計するのか？ | トランジスタ技術 2006年6月号 | 7 | 2006_06_194.pdf |
| HDLシミュレータの動作 | トランジスタ技術 2006年7月号 | 6 | 2006_07_195.pdf |
| HDLシミュレータを動かしてみる | トランジスタ技術 2006年8月号 | 6 | 2006_08_223.pdf |

| 記事タイトル | 掲載号 | ページ数 | PDFファイル名 |
|---|---|---|---|
| 簡単なロジック回路をHDLで記述してみる | トランジスタ技術 2006年9月号 | 4 | 2006_09_227.pdf |
| フリップフロップに入力する信号源を書く | トランジスタ技術 2006年10月号 | 6 | 2006_10_194.pdf |
| 最終確認のシミュレーションを行う | トランジスタ技術 2006年11月号 | 8 | 2006_11_200.pdf |
| 0と1を使った計算をマスタする | トランジスタ技術 2006年12月号 | 6 | 2006_12_211.pdf |
| ロジック設計の基礎の基礎 | トランジスタ技術 2007年1月号 | 6 | 2007_01_237.pdf |
| HDL記述とCPLDの端子をつなぐ(1) | トランジスタ技術 2007年2月号 | 10 | 2007_02_216.pdf |
| CPLDにロジック回路を書き込む | トランジスタ技術 2007年3月号 | 9 | 2007_03_210.pdf |
| HDL記述のメリット | トランジスタ技術 2007年4月号 | 8 | 2007_04_227.pdf |
| 定石1 組み合わせ回路の記述方法 | トランジスタ技術 2007年5月号 | 8 | 2007_05_210.pdf |
| 定石2 コピーしながら効率良く記述 | トランジスタ技術 2007年6月号 | 8 | 2007_06_179.pdf |
| 定石3 値を保持し数を数える回路の記述法 | トランジスタ技術 2007年7月号 | 10 | 2007_07_189.pdf |
| テレビ・ゲームの製作 | トランジスタ技術 2007年8月号 | 6 | 2007_08_231.pdf |
| モニタ・ディスプレイに映像を出す | トランジスタ技術 2007年9月号 | 7 | 2007_09_206.pdf |
| コントローラでラケットを操作する | トランジスタ技術 2007年10月号 | 9 | 2007_10_194.pdf |
| ボールを表示して動かす | トランジスタ技術 2007年11月号 | 9 | 2007_11_222.pdf |
| 効果音の生成と得点の表示 | トランジスタ技術 2007年12月号 | 10 | 2007_12_229.pdf |

## FPGA向けの回路記述

(Design Wave Magazine 2003年10月号)

**7ページ**

　FPGAのメモリ・ブロックを使う2通りの方法について解説しています．一つは，論理合成ツールにメモリを推定させる方法です．もう一つは，直接メモリ・マクロを指定して呼び出す方法です（**図1**）．

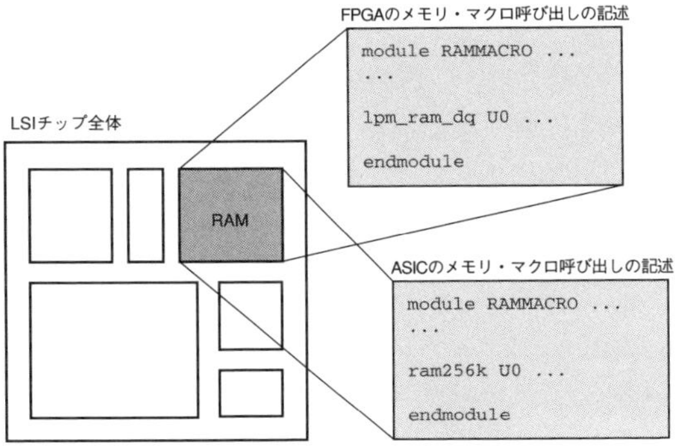

```
FPGAのメモリ・マクロ呼び出しの記述
module RAMMACRO ...
  ...
  lpm_ram_dq U0 ...
endmodule
```

```
ASICのメモリ・マクロ呼び出しの記述
module RAMMACRO ...
  ...
  ram256k U0 ...
endmodule
```

図1 メモリ・マクロの呼び出しの記述

## FPGA/PLDをターゲットとする論理合成

(Design Wave Magazine 2001年10月号)

**7ページ**

　論理合成技術は，ASIC設計で使われはじめました．その後FPGA設計にも利用されるようになりましたが，当初はFPGAのアーキテクチャにはうまく適合しませんでした．このような背景の元，FPGA用の合成技術の開発が課題であることを理論に解説しています．

## LSI開発における検証の重要性を考える

(Design Wave Magazine 2007年3月号)

**7ページ**

　LSIの試作後に発見される不具合の原因は，大半が論理機能であることを示し，検証の重要性とそのポイントについて解説しています．日頃軽視されがちな検証について，多方面からの指摘を行っています．

**FPGA/PLD入門記事全集**

## 特集1 Verilog HDLによるASIC/FPGA設計テクニック

(Design Wave Magazine 2002年11月号)　　38ページ

Verilog HDLによる回路設計を実践的に解説した特集です．

・**ハードウェア記述言語による設計とは**(11ページ)

HDLによるLSI設計の特徴について説明しています．また，命令キュー・レジスタ回路の設計やステート・マシン記述を例にとり，HDL設計の利点を具体的に解説しています．

・**Verilog HDL記述入門**(7ページ)

Verilog HDL記述の入門記事です．構造的に文法解説を展開しています．最初にモジュール記述を取り上げ，宣言や入出力記述を説明しています．その後，配線の記述とレジスタ記述の解説をしています．

・**LSIの基本設計とは**(9ページ)

画像処理LSI設計を例にとり，大規模LSIの設計の進め方を解説しています(図2)．アーキテクチャからモジュール単位に仕様を分割し，最も難しいアービタの設計についても説明しています．

・**機能モジュールの記述**(11ページ)

バス・インターフェース回路と入出力回路をVerilog HDLのソース・コードを示しながら解説しています．FIFOメモリを使う際の記述はXilinx社のFPGAを対象にしています．

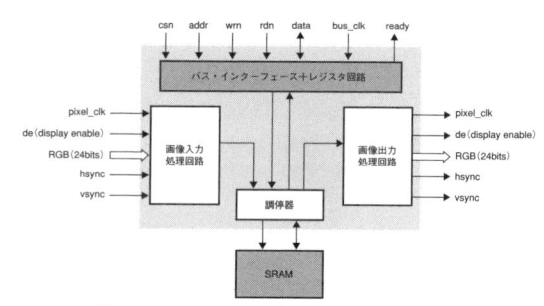

図2　画像処理LSIの基本ブロック図

## 連載 FPGAで学ぶVerilog HDL

(Design Wave Magazine 2005年7月号～2006年2月号)　　全23ページ

FPGAボード(写真1)を利用しながらVerilog HDL記述を解説する入門者向けの連載です．

・**プログラマブル・デバイスで論理設計を学ぼう**(2005年7月号，7ページ)

PLDやFPGAの内部アーキテクチャを説明した後，スイッチ入力でLEDを点灯させる簡単な回路を設計します．

・**LEDを点滅させる**(2005年10月号，5ページ)

スイッチを押すたびにLEDの点灯／消灯を切り替える回路と，カウンタを使って自動的に点滅させる回路を設計します．

・**180秒のタイマを作る**
(2005年11月号，6ページ)

カウンタによって正確な1秒のタイミングを生成し，180秒のタイマを作ります．時間は7セグメントLEDに表示させます．

・**ディジタル時計を作る**(2006年2月号，5ページ)

180秒タイマをディジタル時計に機能拡張します．

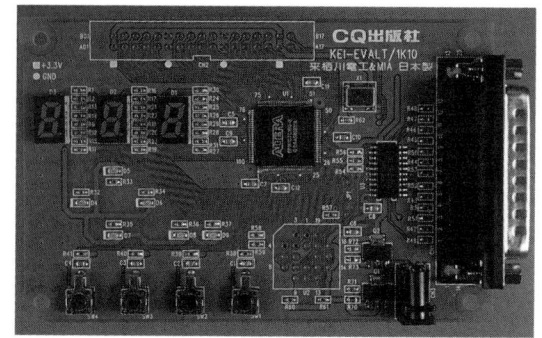

写真1　連載の中で動作確認のために使用するFPGAボード

## ANSI C言語によるハードウェア設計を体験する

(Design Wave Magazine 2008年2月号)

13ページ

　Impulse Accelarated Technologies社のハードウェア/FPGA設計ツールImpulseC/CoDevelopmentを使って，ANSI C言語で記述したバブル・ソート・アルゴリズムから回路を合成する方法を具体的に解説しています．また，画像処理回路への応用も解説されています(図3)．ソフトウェア・アルゴリズムのハードウェア化は，10倍から100倍の高速化が可能なことが示されています．

　　　　(a) 原画　　　　　　　　　(b) エッジ検出後
図3　画像処理の例

## 連載 ロジック回路設計の手ほどき

(トランジスタ技術 2006年6月号～11月号)

全39ページ

　HDL設計の入門者向け連載です．Verilog HDLシミュレータを使って回路設計の基本を解説しています．

・なぜHDLで設計するのか？
　(2006年6月号，7ページ)

　大規模なLSI設計ではHDLによる記述と合成，シミュレーションが不可欠であることを説明しています．

・HDLシミュレータの動作
　(2006年7月号，6ページ)

　HDLシミュレータの動作原理とHDL記述との関係を解説しています．内容は専門的ですが分かりやすく説明しています．

・HDLシミュレータを動かしてみる
　(2006年8月号，6ページ)

　連載で使用するVerilog HDLシミュレータのインストールと使い方を解説しています．

・簡単なロジック回路をHDLで記述してみる
　(2006年9月号，4ページ)

　DフリップフロップをVerilog HDLで記述し，基本的な構文や文法を解説しています．構文解析時にエラーになった際のチェックの仕方についても説明しています．

・フリップフロップに入力する信号源を書く
　(2006年10月号，6ページ)

　Dフリップフロップにクロックと波形入力を行い，出力を確認するテスト・ベンチの書き方を解説しています．

・最終確認のシミュレーションを行う
　(2006年11月号，8ページ)

　8ビット・カウンタを記述し，トランジスタ技術 2006年4月号付属のCPLD基板向けに回路を合成します．その結果を基に，機能シミュレーションと配置配線後のシミュレーションの比較をします．

**FPGA/PLD入門記事全集**

# 連載 実験で学ぶロジック回路設計

(トランジスタ技術 2006年12月号～2007年12月号)

全106ページ

HDLによるアプリケーション回路の設計の基礎を解説する連載です．トランジスタ技術2006年4月号に付属していたCPLD基板を用いた実験ボード(写真2)でテレビ・ゲームを動作させることが目標です．

・0と1を使った計算をマスタする
（2006年12月号，6ページ）
基本ゲートやブール代数といった基礎から，組み合わせ回路の記述までを解説しています．

・ロジック設計の基礎の基礎
（2007年1月号，6ページ）
論理回路における数の表現と加算／減算，フリップフロップの動作について解説しています．

・HDL記述とCPLDの端子をつなぐ①
（2007年2月号，10ページ）
連載で使用する実験ボードの回路について解説しています．また実験ボードを使う上でのVerilog HDLの入出力記述を紹介しています．

・CPLDにロジック回路を書き込む
（2007年3月号，9ページ）
CPLDの設計フローを解説しています．

・HDL記述のメリット（2007年4月号，8ページ）
論理ゲート，加算器，リプル・キャリー加算器のHDL記述を解説しています．

・定石1 組み合わせ回路の記述方法
（2007年5月号，8ページ）
7セグメントLEDの制御回路を例に，組み合わせ回路のHDL記述を解説しています．

・定石2 コピーしながら効率良く記述
（2007年6月号，8ページ）
7セグメントLEDをダイナミック点灯させる回路のHDL記述をしています．

・定石3 値を保持し数を数える回路の記述法
（2007年7月号，10ページ）
レジスタとカウンタのHDL記述を解説しています．モジュールの記述についての説明もあります．

・テレビ・ゲームの製作（2007年8月号，6ページ）
ここから，ラケットで球を打ち返すテレビ・ゲームを作りはじめます．仕様や動作タイミング，カウンタ回路の設計を解説しています．

・モニタ・ディスプレイに映像を出す
（2007年9月号，7ページ）
画面表示のための信号のタイミングを説明し，同期信号の生成回路とカウンタによるタイミング生成回路を記述しています．

・コントローラでラケットを操作する
（2007年10月号，9ページ）
コントローラでラケットを操作する回路を作るためのタイミングを解説し，回路を記述しています．

・ボールを表示して動かす
（2007年11月号，9ページ）
画面にボールを表示して動かすための内部処理と信号を解説しています．外部入力を用いるために実機でのチューニングが必要なので複雑で高いレベルの設計になります．

・効果音の生成と得点の表示
（2007年12月号，10ページ）
連載の最終回として，音源パルスを発生，混合し効果音を発生させる回路を設計します．得点のカウント・ルールと表示方式を決定してゲーム機の完成となります(写真3)．

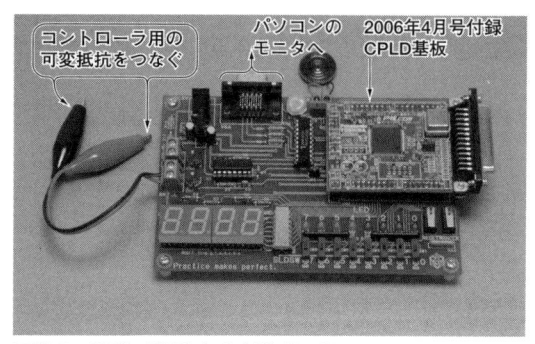

写真2 連載で使用する実験ボード

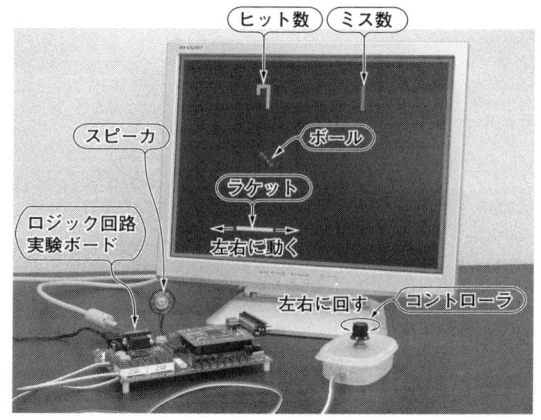

写真3 完成したテレビ・ゲーム

# 第6章　IPコア活用

## プロセッサ機能の設計と応用
### 三上 廉司，編集部

　IP(Intellectual Property)コアの導入によって，PFGAで複雑で高度な機能を実現しやすくなり，応用の分野は大きく広がります．また，最近では，マイクロプロセッサがハード・マクロのIPコアとしてFPGAに搭載されるようになりました．さらに，FPGAの論理ブロックを使って，所望のアーキテクチャのプロセッサ機能を作ることもできます．

　システムの機能がまるごとFPGAに入ってしまうようになると，FPGA設計であっても，ソフトウェアの開発が必要になります．

　IPコアを活用する記事の一覧を**表1**に示します．

**表1　IPコアの活用に関する記事の一覧**

| 記事タイトル | 掲載号 | ページ数 | PDFファイル名 |
|---|---|---|---|
| FPGAプロトタイピング環境を利用したハードウェア開発(前編) | Design Wave Magazine 2003年2月号 | 6 | dw2003_02_136.pdf |
| FPGAプロトタイピング環境を利用したハードウェア開発(後編) | Design Wave Magazine 2003年3月号 | 6 | dw2003_03_134.pdf |
| 全加算器をHDLで設計してみよう | Design Wave Magazine 2007年4月号 | 10 | dw2007_04_105.pdf |
| 4ビット加算器を設計しよう | Design Wave Magazine 2007年6月号 | 6 | dw2007_06_128.pdf |
| マルチプレクサと算術論理演算回路 | Design Wave Magazine 2007年8月号 | 5 | dw2007_08_129.pdf |
| 順序回路の設計 フリップフロップとカウンタ | Design Wave Magazine 2007年10月号 | 6 | dw2007_10_117.pdf |
| ステート・マシンの設計 | Design Wave Magazine 2007年11月号 | 5 | dw2007_11_087.pdf |
| スタックの設計 | Design Wave Magazine 2008年1月号 | 4 | dw2008_01_115.pdf |
| チャタリング除去回路とLCD制御回路 | Design Wave Magazine 2008年3月号 | 7 | dw2008_03_116.pdf |
| 分散RAMとブロックRAM | Design Wave Magazine 2008年5月号 | 6 | dw2008_05_157.pdf |
| CPUを作ろう(1)基本アーキテクチャの設計 | Design Wave Magazine 2008年9月号 | 6 | dw2008_09_149.pdf |
| CPUの設計(2)Verilog HDLによる記述 | Design Wave Magazine 2008年11月号 | 6 | dw2008_11_119.pdf |
| CPUの設計(3)FPGAによる動作確認 | Design Wave Magazine 2008年12月号 | 5 | dw2008_12_088.pdf |
| CPUコアIPを使ったアラーム機能付きディジタル時計の設計/製作 | Interface 2001年11月号 | 14 | if_2001_11_117.pdf |
| PICを使ってマイコンのしくみを理解しよう | トランジスタ技術 2008年12月号 | 4 | 2008_12_100.pdf |
| 開発環境QuartusⅡとCPLD MAXⅡの全体像 | トランジスタ技術 2008年12月号 | 5 | 2008_12_104.pdf |
| PIC12F508の内部構造 | トランジスタ技術 2008年12月号 | 12 | 2008_12_109.pdf |
| PIC12F508エミュレータの仕様とツールの準備 | トランジスタ技術 2008年12月号 | 3 | 2008_12_121.pdf |
| フラッシュ・メモリ・ブロックの製作 | トランジスタ技術 2008年12月号 | 5 | 2008_12_124.pdf |
| タイミング・ジェネレータの製作 | トランジスタ技術 2008年12月号 | 2 | 2008_12_129.pdf |
| コマンド・プロセッサ/スタック/プログラム・カウンタの製作 | トランジスタ技術 2008年12月号 | 4 | 2008_12_131.pdf |
| ALUの製作 | トランジスタ技術 2008年12月号 | 5 | 2008_12_135.pdf |
| タイマ0の製作 | トランジスタ技術 2008年12月号 | 2 | 2008_12_140.pdf |
| ファイル・レジスタの製作 | トランジスタ技術 2008年12月号 | 8 | 2008_12_142.pdf |
| エミュレータのデバッグとテスト | トランジスタ技術 2008年12月号 | 7 | 2008_12_150.pdf |
| マスクROMによる高速化 | トランジスタ技術 2008年12月号 | 5 | 2008_12_157.pdf |
| シミュレーションによる動作確認 | トランジスタ技術 2008年12月号 | 6 | 2008_12_162.pdf |
| のこぎり波の生成とハードウェアPWMモジュールの製作 | トランジスタ技術 2008年12月号 | 5 | 2008_12_168.pdf |
| PIC16F84エミュレータの製作 | トランジスタ技術 2009年2月号 | 6 | 2009_02_240.pdf |

## 連載 基礎から学ぶVerilog HDL & FPGA設計

（Design Wave Magazine 2007年4月号〜2008年12月号）　**全60ページ**

　Verilog HDLによるFPGA設計を解説した連載記事です．さまざまな回路を設計しながら，最終的には小型のCPUを設計します．

　設計した回路は，シミュレーションを行い，FPGAボード（写真1）でも動作させます．FPGA開発ツールの使い方についても説明があります．

- 全加算器をHDLで設計してみよう
  （2007年4月号，10ページ）
- 4ビット加算器を設計しよう
  （2007年6月号，6ページ）
- マルチプレクサと算術論理演算回路
  （2007年8月号，5ページ）
- 順序回路の設計 フリップフロップとカウンタ
  （2007年10月号，6ページ）
- ステート・マシンの設計（2007年11月号，5ページ）
- スタックの設計（2008年1月号，4ページ）
- チャタリング除去回路とLCD制御回路
  （2008年3月号，7ページ）
- 分散RAMとブロックRAM（2008年5月号，6ページ）
- CPUを作ろう(1) 基本アーキテクチャの設計
  （2008年9月号，6ページ）
- CPUの設計(2) Verilog HDLによる記述
  （2008年11月号，6ページ）
- CPUの設計(3) FPGAによる動作確認
  （2008年12月号，5ページ）

写真1　Spartan-3Eスタータ・キット

## 特集 作りながら学ぶマイクロコンピュータ

（トランジスタ技術 2008年12月号）　**全73ページ**

　HDLによる論理設計技術を解説した特集記事です．ローエンドのPICマイコン（PIC12F508）を題材にし，同等の機能をCPLDでエミュレーションします．マイコン内部の解説もあるので，マイコンの学習にもなります．

　PICエミュレータを使ったアプリケーション例として，のこぎり波の発生回路を設計しています（図1）．

- PICを使ってマイコンのしくみを理解しよう
  （4ページ）
- 開発環境QuartusⅡとCPLD MAXⅡの全体像
  （5ページ）
- PIC12F508の内部構造（12ページ）
- PIC12F508エミュレータの仕様とツールの準備（3ページ）
- フラッシュ・メモリ・ブロックの製作
  （5ページ）
- タイミング・ジェネレータの製作（2ページ）
- コマンド・プロセッサ/スタック/プログラム・カウンタの製作（4ページ）
- ALUの製作（5ページ）
- タイマ0の製作（2ページ）
- ファイル・レジスタの製作（8ページ）
- エミュレータのデバッグとテスト（7ページ）
- マスクROMによる高速化（5ページ）
- シミュレーションによる動作確認（6ページ）
- のこぎり波の生成とハードウェアPWMモジュールの製作（5ページ）

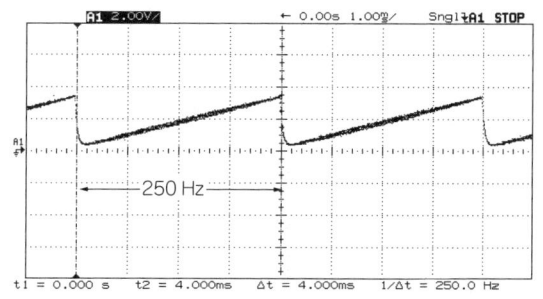

図1　PICエミュレータを使ったのこぎり波の発生

## PIC16F84エミュレータの製作

(トランジスタ技術 2009年2月号)   6ページ

 トランジスタ技術 2008年12月号特集「作りながら学ぶマイクロコンピュータ」の補足記事です．この記事では，特集で設計したPIC12F508エミュレータを高性能化する手法の解説として，PIC16F84エミュレータを設計しています(**図2**)．

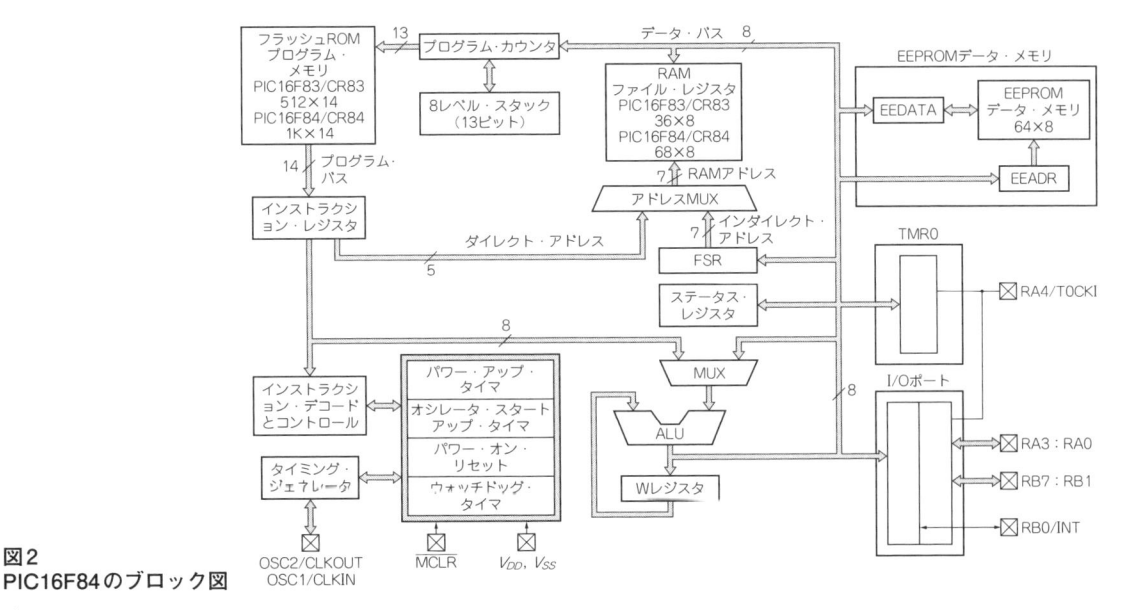

図2 PIC16F84のブロック図

## FPGAプロトタイピング環境を利用したハードウェア開発

(Design Wave Magazine 2003年2月号/3月号)
前編6ページ　後編6ページ

 ASICの設計を効率化するために用いたFPGAプロトタイピング環境についての解説です．FPGAプロトタイピング環境を使うことで，ASICの設計・検証だけでなく，ソフトウェア開発の効率化も実現できます．

 前編では，設計したFPGAボード(**写真2**)について，後編では，暗号プロセッサとPCIバスの実装事例について解説しています．

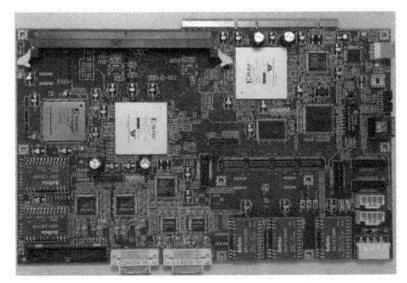

写真2　FPGAプロトタイピング・ボード

## CPUコアIPを使ったアラーム機能付きディジタル時計の設計/製作

(Interface 2001年11月号)   14ページ

 CPUコアを利用する利点や，CPUコアを使う設計の方法について解説しています．題材はディジタル時計です．論理設計のだけでなく，ソフトウェア開発についても詳しく説明しています．設計した時計は，FPGAボードで実際に動作させます(**図3**)．

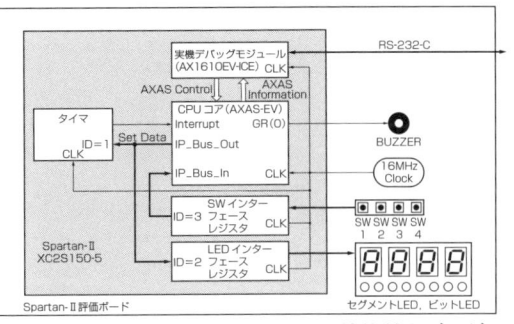

図3　CPUコアIPを使ったアラーム機能付きディジタル時計のブロック図

**FPGA/PLD入門記事全集**

# 第7章 CPLD設計

## 高速・低消費電力回路向きで学習環境としても適する

三上 廉司

　PLDは，プロセス技術の進化とともに，SPLD→CPLD→FPGAと大容量化してきました．

　FPGAに比べ，CPLDは設計技術をシンプルに理解しやすい利点があります．このため，初めて設計を始める方には，とてもよい素材といえます．

　また，CPLDに実装可能な回路であれば，設計は比較的容易です．しかもFPGAより高速に，あるいは低消費電力に動作させることも可能なため，CPLDならではの応用もあります．その意外な実力は，本書付属CD-ROMに収録されたたくさんの記事の事例を読めば理解できるでしょう．

　本書付属CD-ROMにPDFで収録したCPLD設計に関する記事の一覧を**表1**に示します．初めからFGPAを使うのはハードルが高いと思われる方は，CPLDから使い始めるとよいと思います．

**表1 CPLD設計に関する記事の一覧**(複数に分類される記事は，ほかの章で概要を紹介している場合がある)

| 記事タイトル | 掲載号 | ページ数 | PDFファイル名 |
|---|---|---|---|
| CPLDを使い始めるための準備 | Design Wave Magazine 2003年1月号 | 8 | dw2003_01_038.pdf |
| 設計ツールの使いかたとCPLDの動作確認 | Design Wave Magazine 2003年1月号 | 12 | dw2003_01_046.pdf |
| 手軽にできるCPLD評価環境の製作 | Design Wave Magazine 2003年1月号 | 6 | dw2003_01_058.pdf |
| 汎用実験ボードの製作 | Design Wave Magazine 2003年1月号 | 8 | dw2003_01_064.pdf |
| キッチン・タイマの製作 | Design Wave Magazine 2003年1月号 | 6 | dw2003_01_072.pdf |
| 野球ゲームの製作 | Design Wave Magazine 2003年1月号 | 7 | dw2003_01_078.pdf |
| ロジック・アナライザの製作 | Design Wave Magazine 2003年1月号 | 9 | dw2003_01_085.pdf |
| グラフィックスLCDコントローラの製作 | Design Wave Magazine 2003年1月号 | 13 | dw2003_01_094.pdf |
| CPLDならではの回路 | Design Wave Magazine 2003年1月号 | 3 | dw2003_01_107.pdf |
| CPLDを使用したRCサーボ信号発生回路の設計 | Interface 2004年6月号 | 14 | if_2004_06_081.pdf |
| CPLDの開発言語はなにを使うべきか…ABEL vs VHDL | Interface 2004年6月号 | 2 | if_2004_06_094.pdf |
| 21世紀のロジック回路設計シーン | トランジスタ技術 2001年5月号 | 4 | 2001_05_168.pdf |
| 論理演算と組み合わせ論理回路 | トランジスタ技術 2001年5月号 | 8 | 2001_05_172.pdf |
| フリップフロップと順序回路 | トランジスタ技術 2001年5月号 | 10 | 2001_05_180.pdf |
| 知っておきたいロジックICの電気的特性 | トランジスタ技術 2001年5月号 | 13 | 2001_05_198.pdf |
| CPLD/FPGAのためのツール活用術 | トランジスタ技術 2001年5月号 | 9 | 2001_05_201.pdf |
| 環境の構築とダウンロード・ケーブルの製作 | トランジスタ技術 2001年5月号 | 6 | 2001_05_210.pdf |

| 記事タイトル | 掲載号 | ページ数 | PDFファイル名 |
|---|---|---|---|
| シミュレーションによるロジック回路の動作検証 | トランジスタ技術 2001年5月号 | 7 | 2001_05_216.pdf |
| クロック・ジェネレータの設計 | トランジスタ技術 2001年5月号 | 7 | 2001_05_223.pdf |
| シリアル・インターフェース回路の設計 | トランジスタ技術 2001年5月号 | 5 | 2001_05_230.pdf |
| プログラマブル・ステッピング・モータ・コントローラの製作 | トランジスタ技術 2001年5月号 | 12 | 2001_05_235.pdf |
| PLDの概要とダウンロード・ケーブルの製作 | トランジスタ技術 2001年7月号 | 9 | 2001_07_293.pdf |
| EPM7032Sを使ったPLD学習ボードの製作 | トランジスタ技術 2001年8月号 | 9 | 2001_08_281.pdf |
| 設計ツールのダウンロードとインストール | トランジスタ技術 2001年9月号 | 8 | 2001_09_268.pdf |
| 回路図入力とコンパイル/ダウンロード | トランジスタ技術 2001年10月号 | 8 | 2001_10_297.pdf |
| 回路図とVHDLによる組み合わせ回路の設計 | トランジスタ技術 2001年11月号 | 11 | 2001_11_302.pdf |
| 回路図とVHDLによる順序回路の設計 | トランジスタ技術 2001年12月号 | 14 | 2001_12_257.pdf |
| MAX+PLUS IIでシミュレーション | トランジスタ技術 2002年1月号 | 7 | 2002_01_259.pdf |
| お話し「ディジタル回路入門」 | トランジスタ技術 2003年5月号 | 12 | 2003_05_111.pdf |
| CPLDの基礎知識と周辺回路設計 | トランジスタ技術 2003年5月号 | 9 | 2003_05_123.pdf |
| 第3章〜第8章で使用する「HDLトレーナ」のハードウェア | トランジスタ技術 2003年5月号 | 3 | 2003_05_132.pdf |
| 記憶素子を使って数値や状態を保持する回路を作る | トランジスタ技術 2003年5月号 | 12 | 2003_05_153.pdf |
| クロック信号を入力して回路を自動運転する | トランジスタ技術 2003年5月号 | 10 | 2003_05_165.pdf |
| 複数の回路ブロックを操る制御回路を作る | トランジスタ技術 2003年5月号 | 9 | 2003_05_175.pdf |
| LEDの明るさ調整とブザーの音量調整 | トランジスタ技術 2003年5月号 | 2 | 2003_05_184.pdf |
| 受信しながら送信する並列処理の回路を作る | トランジスタ技術 2003年5月号 | 7 | 2003_05_186.pdf |
| ディジタル回路の基礎とCPLDの可能性(前編) | トランジスタ技術 2006年2月号 | 6 | 2006_02_183.pdf |
| ディジタル回路の基礎とCPLDの可能性(後編) | トランジスタ技術 2006年3月号 | 4 | 2006_03_211.pdf |
| 付録CPLD基板を組み立てる | トランジスタ技術 2006年4月号 | 3 | 2006_04_134.pdf |
| MAX IIの開発環境をセットアップする | トランジスタ技術 2006年4月号 | 8 | 2006_04_137.pdf |
| MAX IIに回路を書き込みLEDを点灯させる | トランジスタ技術 2006年4月号 | 4 | 2006_04_145.pdf |
| ディジタル回路の必要性と成り立ち | トランジスタ技術 2006年4月号 | 9 | 2006_04_152.pdf |
| プログラマブルなディジタル回路設計の良さを体験 | トランジスタ技術 2006年4月号 | 6 | 2006_04_161.pdf |
| HDLを使った回路設計にTRY! | トランジスタ技術 2006年4月号 | 13 | 2006_04_178.pdf |
| ストップウォッチの設計 | トランジスタ技術 2006年4月号 | 6 | 2006_04_191.pdf |
| VHDLの書きかた&読みかた入門 | トランジスタ技術 2006年4月号 | 18 | 2006_04_197.pdf |
| 書き込み前に回路動作を検証できるシミュレーション・ツール | トランジスタ技術 2006年5月号 | 2 | 2006_05_120.pdf |
| パルス・カウンタの設計と製作 | トランジスタ技術 2006年5月号 | 17 | 2006_05_147.pdf |
| アナデジ両用データ・ロガーの設計と製作 | トランジスタ技術 2006年5月号 | 12 | 2006_05_164.pdf |
| USB接続パルス・ジェネレータの設計と製作 | トランジスタ技術 2006年5月号 | 14 | 2006_05_176.pdf |
| ダイナミック周波数モニタの設計と製作 | トランジスタ技術 2006年5月号 | 11 | 2006_05_190.pdf |
| MAX IIZ EPM240Z | トランジスタ技術 2008年8月号 | 6 | 2008_08_202.pdf |
| MAX IIシリーズ EPM240ほか | トランジスタ技術 2008年10月号 | 1 | 2008_10_267.pdf |
| CPLDを使ったディジタル・ビデオ同期回路の設計 | トランジスタ技術 2010年2月号 | 9 | 2010_02_192.pdf |

# 特集 付属CPLD基板を使った回路設計チュートリアル
(Design Wave Magazine 2003年1月号)

全72ページ

　Design Wave Magazine 2003年1月号には，Altera社のMAX7000ファミリのCPLDを搭載する基板が付属していました．この基板を利用しながらCPLD設計技術の基本を解説する特集です．

● CPLDを使い始めるための準備(8ページ)

　CPLD基板を使用するための開発ツールについて説明しています．

● 設計ツールの使い方とCPLDの動作確認 (12ページ)

　MAX + plus IIによるCPLD設計フローの解説です．回路図とAHDL(Altera社独自のHDL)による開発と，LeonardoSpectrum-Alteraを使うHDL設計の場合を併記して解説しています．CPLDに回路情報書き込むためのダウンロード・ケーブルの自作方法も紹介しています．

● 手軽にできるCPLD評価環境の製作(6ページ)

　CPLDの評価環境を準備するために，手持ちのFPGAボードを利用する方法を解説しています．CPLD基板に周辺回路としてFPGAボードの周辺回路をそのまま使ってしまいます．FPGAは単なる配線として使用します．この環境を利用して，CPLDにシリアル通信回路を動作させています．

● 汎用実験ボードの製作(8ページ)

　CPLD基板をさまざまな応用で活用できるように設計した，多数のスイッチと6桁の7セグメントLED，ブザーを搭載する実験ボードです．GAME＆WATCHのようなゲームの設計事例も紹介しています．

● キッチン・タイマの製作(6ページ)

　自分仕様のキッチン・タイマを製作事例です(写真1)．

● 野球ゲームの製作(7ページ)

　スイッチとLEDを使ったシンプルな野球ゲームの設計事例です(写真2)．

● ロジック・アナライザの製作(9ページ)

　8チャネルのロジック・アナライザの設計事例です．コマンド制御や波形表示にはパソコンを使う仕様ですが，ハードウェアの解説が中心です．

● グラフィックスLCDコントローラの製作 (13ページ)

　ISA準拠のCPUバスに接続できるグラフィックスLCDコントローラの設計事例です(写真3)．フレーム・バッファにはSRAMを使用しています．

● CPLDならではの回路(3ページ)

　CPU周辺回路のハードウェアで，リセット回路，I/Oドライバ，PCIバスのアービタなど，CPLDを活用する回路の解説をしています．

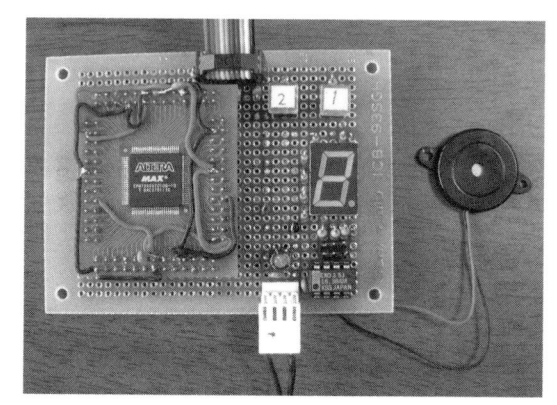

写真1　キッチン・タイマ

写真2　野球ゲーム

写真3　グラフィックスLCDコントローラ

# 特集 やってみよう！ディジタル回路設計

(トランジスタ技術 2001年5月号)

全81ページ

新人技術者向けの論理設計の解説です．CPLDを使った設計技術をマスタする構成になっています．

- **21世紀のロジック回路設計シーン(4ページ)**

設計手法の進化を歴史的に集積化の拡大とともに示しています．HDL設計や将来のソフトウェア/ハードウェア協調設計についても解説しています．

- **論理演算と組み合わせ論理回路(8ページ)**

論理回路設計の基礎について解説しています．数の表現，論理演算とブール代数，論理の簡単化などを説明しています．

- **フリップフロップと順序回路(10ページ)**

フリップフロップと順序回路の解説です．各フリップのタイプをタイミング図を用いて詳細に説明しています．また，カウンタとステートマシンを解説しています．

- **知っておきたいロジックICの電気的特性(13ページ)**

ディジタルICで回路を設計する際に必要になる，部品の電気的特性について解説しています．通常は，ブラックボックスとして扱われるロジックICの動作を，トランジスタ・レベルで解説しています．

- **CPLD/FPGAのためのツール活用術(9ページ)**

CPLD/FPGAの開発フローを解説しています．また，CPLD/FPGA向けの統合開発環境や，シミュレーション・ツールを紹介しています．

- **環境の構築とダウンロード・ケーブルの製作(6ページ)**

PLD開発ツールのMAX + plus IIのインストール方法を説明しています．PLDに回路情報を書き込む際に使用するダウンロード・ケーブルの製作方法の解説もあります．

- **シミュレーションによるロジック回路の動作検証(7ページ)**

基礎的な組み合わせ回路と順序回路をMAX + plus IIのシミュレーション機能を利用して説明しています．

- **クロック・ジェネレータの設計(7ページ)**

数値制御方式のクロック生成回路を設計し，CPLDで動作させるまでを解説しています．実験用のCPLD基板(写真4)と，応用例としてステッピング・モータ駆動回路の紹介もあります．

- **シリアル・インターフェース回路の設計(5ページ)**

双方向調歩同期シリアル通信回路の設計事例です．

- **プログラマブル・ステッピング・モータ・コントローラの製作(12ページ)**

あらかじめSRAMに書き込んであるデータに合わせてステッピング・モータを制御する装置です(図1)．JTAG端子を利用してSRAMにデータを書き込む方法の解説もあります．

写真4 実験用のCPLD基板

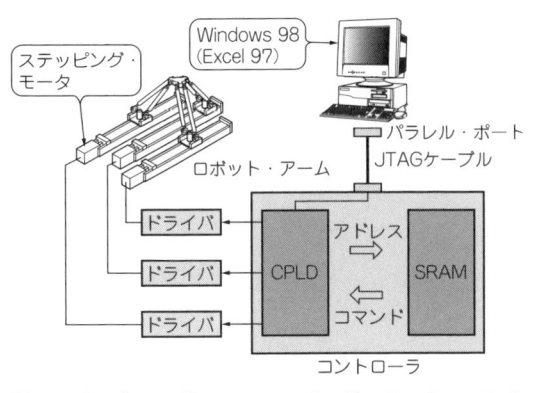

図1 プログラマブル・ステッピング・モータ・コントローラのシステム構成

# 連載 小規模CPLDの設計&製作事始め

(トランジスタ技術 2001年7月号～2002年1月号)

全66ページ

CPLD搭載の学習ボードとPLD開発ツールを活用して，回路図とVHDLによる回路設計を解説する連載です．

- ●PLDの概要とダウンロード・ケーブルの製作
  (2001年7月号，9ページ)

  実験ボードで使用するCPLDのMAX 7000シリーズのアーキテクチャを解説しています．CPLDに回路情報を書き込むためのダウンロード・ケーブルの製作方法もあります(写真5)．

- ●EPM7032Sを使ったPLD学習ボードの製作
  (2001年8月号，9ページ)

  CPLDを搭載する実験ボードを設計しています(写真6)．実験の際にさまざまな周波数のクロック信号を使えるように，PICマイコンを利用しています．

- ●設計ツールのダウンロードとインストール
  (2001年9月号，8ページ)

  PLD開発ツールMAX + plusⅡのインストール方法を詳しく説明しています．

- ●回路図入力とコンパイル/ダウンロード
  (2001年10月号，8ページ)

  回路図入力による設計手順を説明しています．

- ●回路図とVHDLによる組み合わせ回路の設計
  (2001年11月号，11ページ)

  回路図により，デコーダやデータ・セレクタ，加算器を設計し，実験基板で動作させます．同じ回路をVHDLでも設計します．論理合成で使用するLeonardoSpectrumの使い方もあります．

- ●回路図とVHDLによる順序回路の設計
  (2001年12月号，14ページ)

  代表的なフリップフロップから順序回路について解説をした後，回路図とVHDLで10進カウンタやシフト・レジスタ，ジョンソン・カウンタを記述します．アプリケーションとして，キッチン・タイマを設計します．

- ●MAX + PLUSⅡでシミュレーション
  (2002年1月号，7ページ)

  シミュレーションの方法を例題を使って解説しています(図2)．MAX + plusⅡの波形エディタで，シミュレーション時に検証対象の回路に与える信号を入力し，シミュレーション入力ファイルを生成する方法から説明しています．

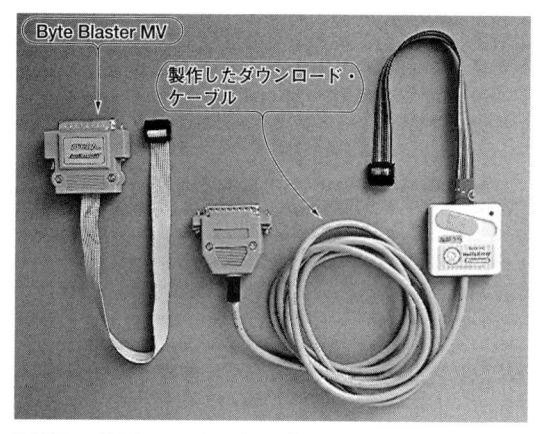

写真5　ダウンロード・ケーブル

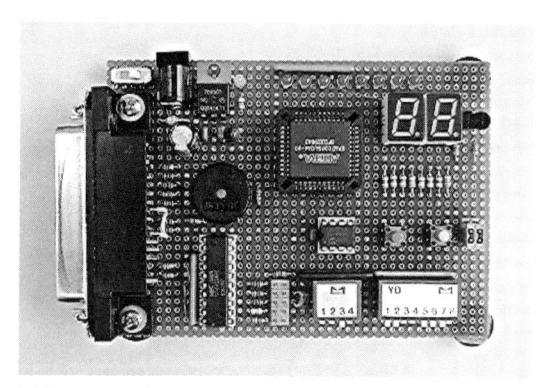

写真6　PLD学習ボード

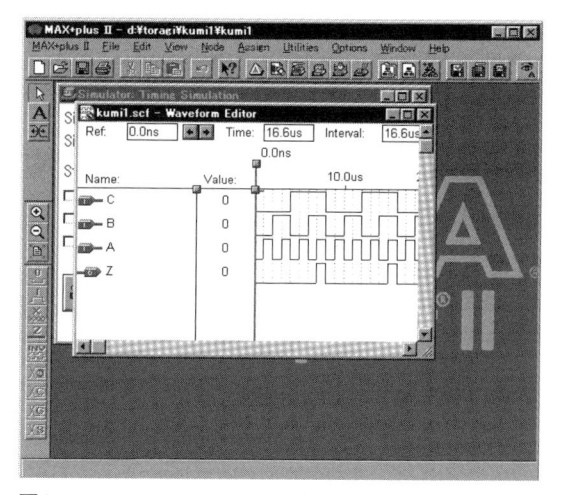

図2　MAX + plusⅡによるシミュレーション

# 特集 ようこそ！ディジタル回路の世界へ

(トランジスタ技術 2003年5月号)

全64ページ

　論理回路設計の入門特集です．スタート・ラインはPLDでLEDを点灯する回路で，シリアル通信回路を設計できるようになるまでを解説しています．

● お話し「ディジタル回路入門」(12ページ)

　最初にスイッチと電球による直並列回路を使って，論理回路の基礎を説明しています．その後，ラッチ，フリップフロップ，マルチプレクサなど，実際の論理回路の説明をしています．

● CPLDの基礎知識と周辺回路設計(9ページ)

　さまざまなCPLD/FPGAの紹介と選び方について解説しています．周辺回路の設計方法についても説明しています．

● 第3章～第8章で使用する「HDLトレーナ」のハードウェア(3ページ)

　Xilinx社のCPLD CoolRunner-IIを使用した，学習ボードの解説です(写真7)．

● 記憶素子を使って数値や状態を保持する回路を作る(12ページ)

　フリップフロップの動作について解説した後，フリップフロップを利用する回路をVerilog HDLで記述します．4桁10進カウンタの作り方を通して，状態保持型の論理回路の説明を行っています．

● クロック信号を入力して回路を自動運転する(10ページ)

　1秒を測るカウンタからディジタル時計までの設計です．カウンタを応用した，スイッチのチャタリングを除去する回路についても説明しています．

● 複数の回路ブロックを操る制御回路を作る(9ページ)

　ステート・マシンの解説です．応用例としてメロディ発生回路を設計しています．同期式回路ブロックに非同期信号を入力する際に使用するシンクロナイザについての説明もあります．

● LEDの明るさ調整とブザーの音量調整(2ページ)

　ディジタル回路でLEDの明るさやブザーの音量を連続的に変化させる方法を説明しています(写真8)．

● 受信しながら送信する並列処理の回路を作る(7ページ)

　シリアル・インターフェースの送受信回路の設計です(図3)．

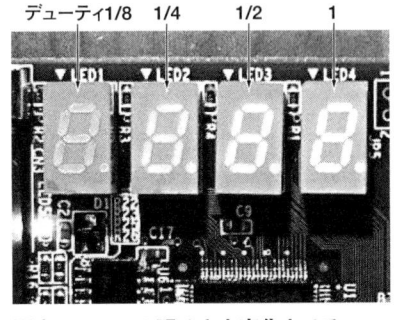

写真8　LEDの明るさを変化させる

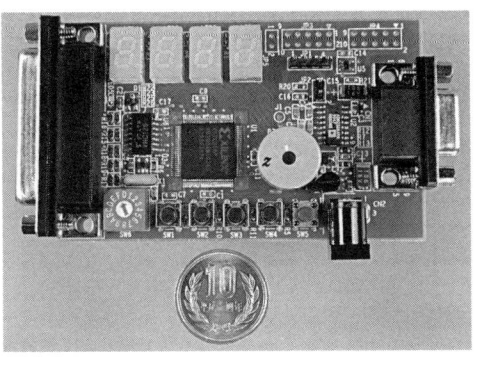

写真7　HDLトレーナ

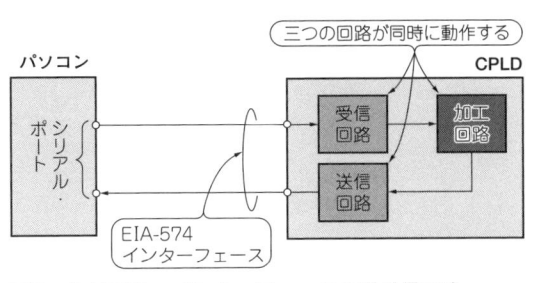

図3　シリアル・インターフェースの送受信回路

## 特集 付録基板で始めるディジタル回路設計

(トランジスタ技術 2006年4月号)

全67ページ

　トランジスタ技術 2006年4月号には，Altera社のMAX IIファミリのCPLDを搭載する基板(**写真9**)が付属していました．この基板を利用しながらCPLDの論理回路設計を解説する特集です．

### ● 付録CPLD基板を組み立てる(3ページ)

　CPLD基板にコネクタなどの部品を取り付ける方法の解説です．

### ● MAX IIの開発環境をセットアップする(8ページ)

　CPLD基板を使うために必要な，PLD開発ツール Quartus II Web Editionのインストール方法解説しています．

### ● MAX IIに回路を書き込みLEDを点灯させる(4ページ)

　PLD開発ツールを使って，HDLソース・コードの入力から，CPLDに回路情報を書き込んで動作させるまでの手順を，画面を示して説明しています．

### ● ディジタル回路の必要性と成り立ち(9ページ)

　ディジタル回路の特徴を，アナログと比較しながら説明しています．また，論理ゲートとレジスタを基本的な構成要素と位置付けて，これらの組み合わせでマイコンのような複雑な処理を実現できることを解説しています．

### ● プログラマブルなディジタル回路設計の良さを体験(6ページ)

　マイコンに対するCPLDの優位性を解説しています．また，CPLD基板にスイッチとLEDを追加して，スイッチが押された回数をカウントする回路を設計します(**写真10**)．また，CPLDを回路図ベースで設計する方法を説明しています(**図4**)．

### ● HDLを使った回路設計にTRY！(13ページ)

　スイッチが押された回数をカウントする回路をVHDLで設計します．

### ● ストップウォッチの設計(6ページ)

　より複雑な回路として，ストップウォッチを設計します．ステート・マシンの書き方のコツが書かれています．

### ● VHDLの書きかた＆読みかた入門(18ページ)

　VHDLの詳しい文法の解説です．言語の構造，データの型と適合する演算，回路が合成されないVHDL記述などについて説明しています．

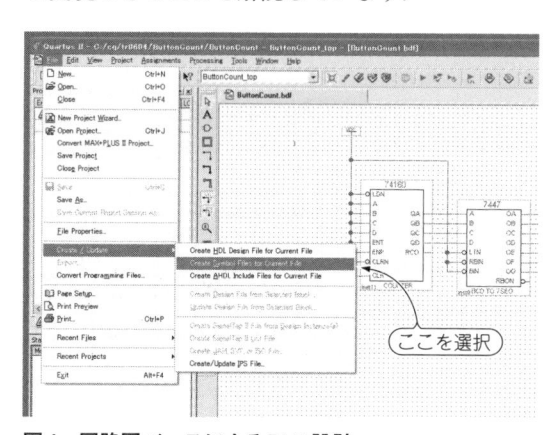

図4　回路図ベースによるPLD設計

写真10　CPLD基板にスイッチとLEDを追加

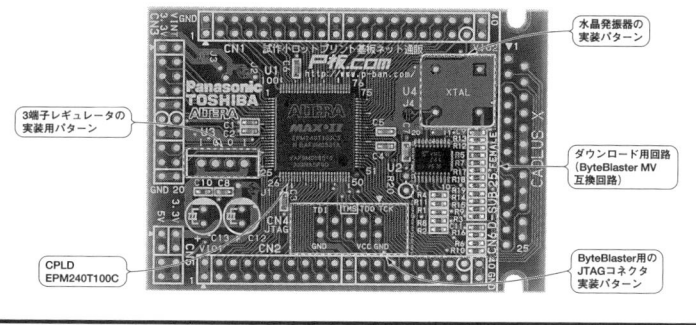

写真9　トランジスタ技術 2006年4月号付属MAX II基板

## 特集 MAXⅡ付録基板 徹底活用！

(トランジスタ技術 2006年5月号)

全56ページ

トランジスタ技術 2006年4月号に付属したCPLD基板の応用事例を解説する特集です．

● **書き込み前に回路動作を検証できるシミュレーション・ツール(2ページ)**

Verilog HDL シミュレータ Veritak-CQ 版の紹介です．

● **パルス・カウンタの設計と製作(17ページ)**

CPLD基板にロータリ・エンコーダを接続し，パルス・カウンタを作ります．この回路が実際に使われた風向計やジョグ・ダイヤルの紹介もあります(**写真11**)．

● **アナデジ両用データ・ロガーの設計と製作(12ページ)**

CPLD基板にA-DコンバータとSRAM搭載を接続し，8チャネル・ディジタル＋1チャネル・アナログのデータ・ロガーを製作します(**写真12**)．USBでパソコンに接続して，波形を処理して表示します．

● **USB接続パルス・ジェネレータの設計と製作(14ページ)**

出力周波数0.2 Hz～20 MHzで32ビットのパターン設計が可能なパルス・ジェネレータを設計します(**写真13**)．

● **ダイナミック周波数モニタの設計と製作(11ページ)**

6 Hz～数MHzで変化する周波数を観測可能なダイナミック周波数モニタを製作します(**写真14**)．

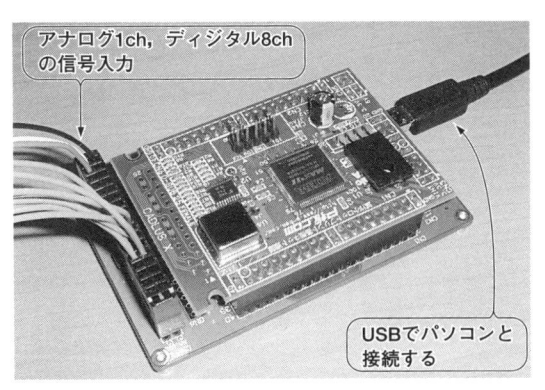

写真12　アナデジ両用データ・ロガー

写真13　パルス・ジェネレータ

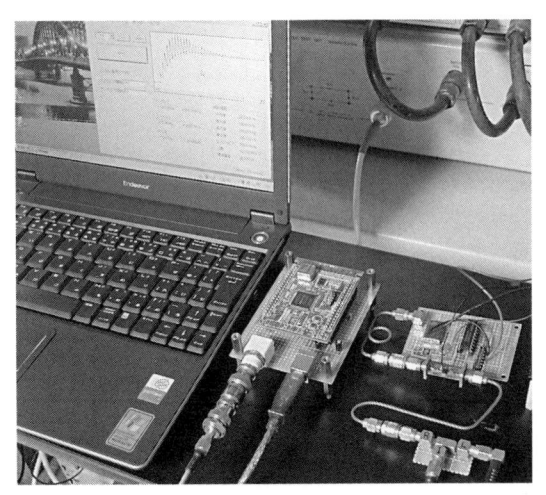

写真14　ダイナミック周波数モニタ

写真11　風向計

## CPLDを使用した
## RCサーボ信号発生回路の設計

(Interface 2004年6月号)　**14ページ**

　二足歩行ロボットの制御回路の設計事例です（写真15）．サーボモータ制御用のPWM(Pulse Width Modulation)信号発生回路をCPLDで実現しています．

写真15　二足歩行ロボット制御基板

## MAXⅡZ EPM240Z

(トランジスタ技術 2008年8月号)　**6ページ**

　スタンバイ電流が29μAと少ないCPLDの紹介です．評価ボードを使って，実際に消費電流を測定しています（写真16）．

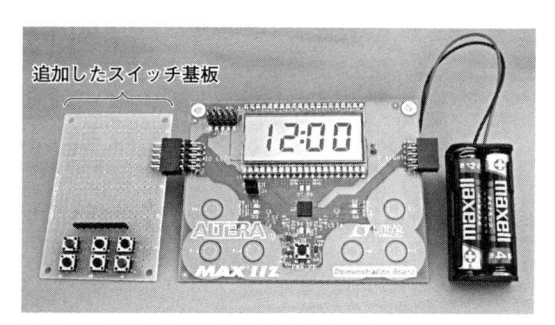

写真16　評価ボード使った消費電流測定

## CPLDの開発言語はなにを使うべきか…ABEL vs VHDL

(Interface 2004年6月号)　**2ページ**

　特集記事の中ではABELで記述していた回路を，VHDLで書き直しています．

## ディジタル回路の基礎と
## CPLDの可能性

(トランジスタ技術 2006年2月号/3月号)

**前編6ページ**　**後編4ページ**

　前編では，CPLDの仕組みを解説しています．マイコンの違いも説明しています．CPLDの応用例について紹介しています．
　後編では，CPLDに実装する回路の設計方法を解説しています．

## CPLDを使ったディジタル・
## ビデオ同期回路の設計

(トランジスタ技術 2010年2月号)　**9ページ**

　複数のカメラを使用して，3D表示や距離測定を行うための技術を解説しています．また，2台のカメラを使った距離測定装置を設計しています（写真17）．ビデオ信号の同期補正にCPLDを活用しています．

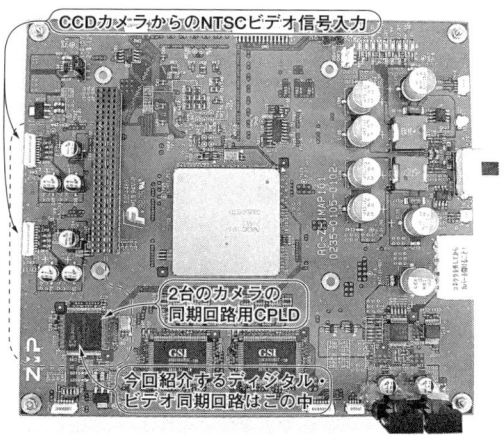

写真17　2台のカメラを使った距離測定装置

## 第8章　設計事例

### 周辺回路からシステムまで
三上 廉司，編集部

　実際の設計では，対象のシステムをどのように実現するか，その最適解を探すことになります．使用するFPGAに回路が収まらない，動作周波数が上がらない，発熱が多すぎる，コストが高すぎるといった問題に直面することも多く，百戦錬磨の腕と経験が頼りとなるところです．このようなとき，対象分野の設計事例を探してみることが解決の糸口になることがあります．また，実際に何かを設計する際には，詳細な技術情報が必要になる場合もあります．

　本書付属CD-ROMに収録している設計事例に関する記事を表1に示します．記事に掲載されたHDLソース・コードも参考になるでしょうし，これまでの設計をグレードアップする手がかりを見つけることもできると思います．

**表1　設計事例に関する記事の一覧**（複数に分類される記事は，ほかの章で概要を紹介している場合がある）

| 記事タイトル | 掲載号 | ページ数 | PDFファイル名 |
|---|---|---|---|
| FPGA/PLD周辺回路の設計法 | Design Wave Magazine 2001年8月号 | 12 | dw2001_08_040.pdf |
| プリント基板開発を体験する | Design Wave Magazine 2005年4月号 | 21 | dw2005_04_039.pdf |
| フラッシュFPGAを採用した理由《Latticeデバイス編》 | Design Wave Magazine 2005年10月号 | 4 | dw2005_10_113.pdf |
| FPGAのI/O端子を理解して使っていますか | Design Wave Magazine 2006年10月号 | 4 | dw2006_10_094.pdf |
| ブロック崩しゲームの製作 | Design Wave Magazine 2007年10月号 | 5 | dw2007_10_080.pdf |
| FPGAのコンフィグレーション基礎知識《Altera編》 | Design Wave Magazine 2007年11月号 | 12 | dw2007_11_064.pdf |
| FPGAのコンフィグレーション基礎知識《Xilinx編》 | Design Wave Magazine 2007年11月号 | 11 | dw2007_11_076.pdf |
| FPGAのための電源設計基礎知識《Altera編》 | Design Wave Magazine 2008年3月号 | 4 | dw2008_03_062.pdf |
| FPGA電源端子一覧《Xilinx編》 | Design Wave Magazine 2008年3月号 | 1 | dw2008_03_066.pdf |
| FPGAユーザのための電源回路設計 | Design Wave Magazine 2008年3月号 | 5 | dw2008_03_067.pdf |
| FPGA向け電源回路設計事例集 | Design Wave Magazine 2008年3月号 | 22 | dw2008_03_072.pdf |
| FPGA搭載SiPでオリジナルLSIを作る | Design Wave Magazine 2008年4月号 | 11 | dw2008_04_047.pdf |
| フラッシュ・メモリの高速化技術と最新の不揮発性メモリの動向 | Design Wave Magazine 2008年5月号 | 12 | dw2008_05_145.pdf |
| 開発期間短縮のために設計資産を活用しよう | Design Wave Magazine 2008年10月号 | 2 | dw2008_10_028.pdf |
| アナログ信号入出力回路 | Design Wave Magazine 2008年10月号 | 7 | dw2008_10_030.pdf |
| モータやLEDを駆動するパワー回路 | Design Wave Magazine 2008年10月号 | 14 | dw2008_10_037.pdf |
| ビデオ信号処理回路 | Design Wave Magazine 2008年10月号 | 29 | dw2008_10_051.pdf |
| 安定動作のための回路 | Design Wave Magazine 2008年10月号 | 7 | dw2008_10_080.pdf |
| コンフィグレーションを理解してFPGAを"確実"に動かそう | Design Wave Magazine 2008年11月号 | 9 | dw2008_11_085.pdf |
| 2ポートSRAMを利用し非同期クロック間のデータ送受信用FIFOを作成 | Design Wave Magazine 2008年12月号 | 2 | dw2008_12_140.pdf |
| 新興ベンダの不揮発性低消費電力FPGAを使ってみた | Design Wave Magazine 2009年2月号 | 8 | dw2009_02_085.pdf |
| 二足歩行ロボットの制御回路の設計 | Interface 2004年6月号 | 19 | if_2004_06_060.pdf |

| 記事タイトル | 掲載号 | ページ数 | PDFファイル名 |
|---|---|---|---|
| こうして"コンピュータ・システム技術学習キット"は完成した！ | Interface 2006年1月号 | 2 | if_2006_01_052.pdf |
| シリアルI/Oコントローラ設計入門 | Interface 2006年1月号 | 14 | if_2006_01_054.pdf |
| 調歩同期式シリアル・コントローラ設計入門 | Interface 2006年1月号 | 12 | if_2006_01_068.pdf |
| I/Oモジュールとシステム・バスの接続技法 | Interface 2006年1月号 | 15 | if_2006_01_080.pdf |
| PS/2ホスト・コントローラの設計事例と補足説明 | Interface 2006年1月号 | 5 | if_2006_01_095.pdf |
| アナログRGBビデオ出力回路設計入門 | Interface 2006年1月号 | 9 | if_2006_01_100.pdf |
| SDRAM対応グラフィックス・コントローラ設計入門 | Interface 2006年1月号 | 9 | if_2006_01_109.pdf |
| 『コンピュータ・システム技術学習キット』の全貌 | Interface 2006年1月号 | 6 | if_2006_01_118.pdf |
| MicroBlaze用クロス・コンパイル環境の構築技法 | Interface 2006年1月号 | 5 | if_2006_01_124.pdf |
| 学習キットの各部の構成 | Interface 2006年2月号 | 5 | if_2006_02_134.pdf |
| FPGAによるMMCカード・コントローラの設計事例 | Interface 2006年3月号 | 12 | if_2006_03_081.pdf |
| オプションCPUカードSH-4A (SH7780) の設計 | Interface 2008年6月号 | 13 | if_2008_06_159.pdf |
| FRマイコンから拡張ベースボードを制御する | Interface 2008年6月号 | 8 | if_2008_06_100.pdf |
| PCIパラレルI/Oボードの設計＆製作 | トランジスタ技術 2001年7月号 | 11 | 2001_07_322.pdf |
| 自立型4脚ロボットの製作 | トランジスタ技術 2001年8月号 | 13 | 2001_08_235.pdf |
| POLコンバータ・モジュールの基礎と最新動向 | トランジスタ技術 2004年10月号 | 10 | 2004_10_113.pdf |
| PIC16F84でアルテラ社FPGAをコンフィギュレーション | トランジスタ技術 2005年1月号 | 8 | 2005_01_265.pdf |
| FPGAを使った簡単で応用範囲の広い周波数カウンタ ワンチップ・マイコンでATAPIデバイスを制御する方法 電源回路におけるショート試験対策 | トランジスタ技術 2005年1月号 | 4 | 2005_01_280.pdf |
| ディジタル・スチル・カメラを自作する！ | トランジスタ技術 2005年2月号 | 17 | 2005_02_166.pdf |
| アルテラのFPGAをUSB経由でJTAG操作する方法 マイコンのD-A出力数や分解能が不足したときの対策 | トランジスタ技術 2005年6月号 | 4 | 2005_06_260.pdf |
| USBロジック・アナライザ＆パターン・ジェネレータの製作 | トランジスタ技術 2006年8月号 | 12 | 2006_08_175.pdf |
| RS-232Cシリアル-JTAG変換基板の製作 | トランジスタ技術 2006年11月号 | 6 | 2006_11_215.pdf |
| FPGAやCPUを動かしたい場合 | トランジスタ技術 2007年3月号 | 12 | 2007_03_148.pdf |
| 低電圧・高速応答電源の実力 | トランジスタ技術 2007年8月号 | 16 | 2007_08_179.pdf |
| 周波数可変の正弦波発生器 | トランジスタ技術 2007年9月号 | 8 | 2007_09_236.pdf |
| NIWeek 2008 レポート | トランジスタ技術 2008年10月号 | 4 | 2008_10_167.pdf |
| 2Wayスピーカ用チャネル・ディバイダの製作 | トランジスタ技術 2008年10月号 | 10 | 2008_10_245.pdf |
| MAX IIシリーズ EPM240 ほか | トランジスタ技術 2008年10月号 | 1 | 2008_10_267.pdf |
| 帯域50MHzのスペクトラム・アナライザの製作 | トランジスタ技術 2009年3月号 | 14 | 2009_03_110.pdf |
| マルチチャネル信号発生器の製作 | トランジスタ技術 2009年3月号 | 9 | 2009_03_124.pdf |
| 拡張自在なLEDディスプレイの製作 | トランジスタ技術 2009年3月号 | 10 | 2009_03_134.pdf |
| USB接続のFPGA書き込みツール | トランジスタ技術 2009年6月号 | 10 | 2009_06_195.pdf |
| CMOSイメージ・センサ画像処理ボードの設計 | トランジスタ技術 2009年7月号 | 10 | 2009_07_123.pdf |
| NIWeek09レポート | トランジスタ技術 2009年11月号 | 4 | 2009_11_224.pdf |
| 480Mbpsハイ・スピード対応のUSBコントローラ FT2232H | トランジスタ技術 2010年2月号 | 10 | 2010_02_145.pdf |
| USBで使えるFPGAダウンロード・ケーブルの製作 | トランジスタ技術 2010年3月号 | 10 | 2010_03_191.pdf |
| コンポジット-アナログRGB変換器の製作 | トランジスタ技術 2010年6月号 | 7 | 2010_06_191.pdf |
| USB接続のFPGA学習用ボードDE0誕生 | トランジスタ技術 2010年7月号 | 5 | 2010_07_188.pdf |
| 発生頻度を濃淡で表現！ディジタル・オシロスコープの製作 | トランジスタ技術 2010年10月号 | 6 | 2010_10_212.pdf |

# 応用システム設計事例

## FPGA/PLD周辺回路の設計法

(Design Wave Magazine 2001年8月号)

12ページ

　CQ出版社で発売していたFLEX10KE評価キットやSpartan-II評価キットの拡張用ピン・ヘッダ部にD-Aコンバータを追加し，正弦波発生装置を設計しています(**写真1**)．FPGAへ5Vインターフェースを LSI を接続する方法の解説もあります．

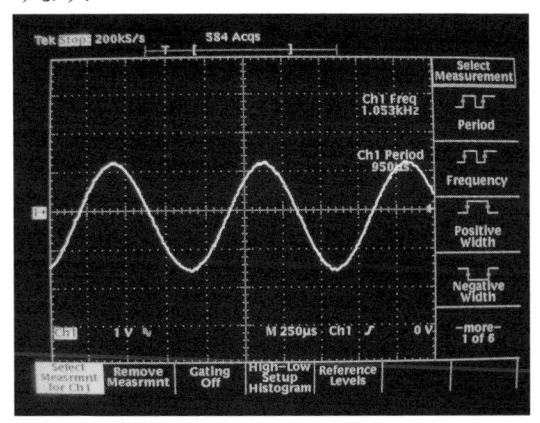

写真1　正弦波発生装置からの出力波形

## プリント基板開発を体験する

(Design Wave Magazine 2005年4月号)

21ページ

　Design Wave Magazine 2005年1月号に付属していたFPGA基板のプリント基板アートワーク(ガーバ・データ)を，他の設計に応用する方法を解説しています(**図1**)．プリント基板設計CADの使い方の説明もあります．

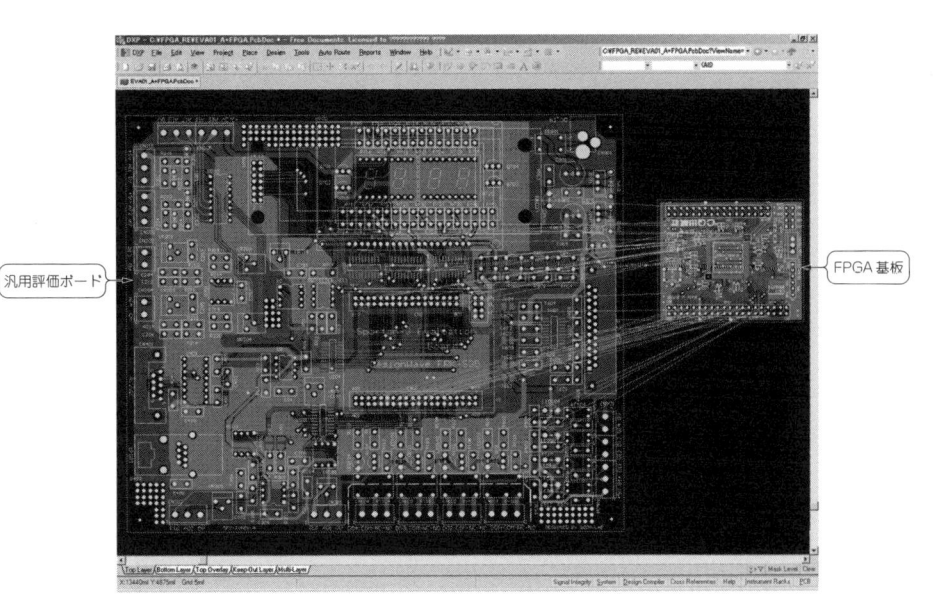

図1
汎用評価ボードと
付属FPGA基板を
一体化

**FPGA/PLD入門記事全集**　　　65

## FPGA搭載SiPでオリジナルLSIを作る

（Design Wave Magazine 2008年4月号）

11ページ

　複数のチップを一つのパッケージに封止するSiP(System in Package)技術の解説です．SiPを使うことのメリットやSiPの内部構造，具体的な開発手法について説明しています．FPGAに，CPU機能を内蔵するASSP(Application Specific Standard Product)と大容量メモリを組み合わせて1パッケージ化した事例として，音声合成LSIを取り上げています．

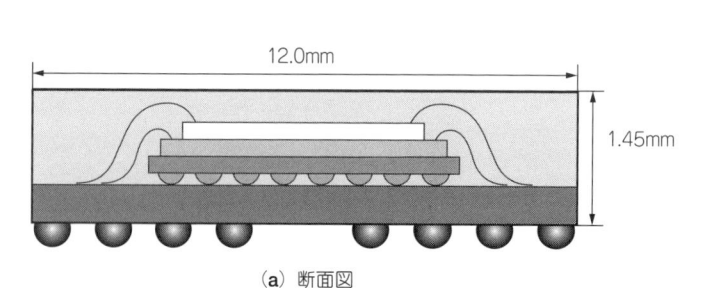

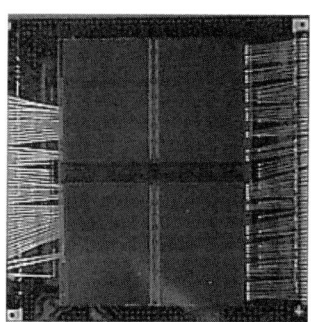

（a）断面図　　　　（b）上方からの写真
図2　SiPの例

## ブロック崩しゲームの製作

（Design Wave Magazine 2007年10月号）

5ページ

　Design Wave Magazine 2007年7月号に付属していたFPGA基板と，同誌2007年8月号で解説した画像出力回路を利用して，ブロック崩しゲームを製作しています（写真2）．ピンポン球の表示方法やパドルの移動方法などを具体的に説明しています．

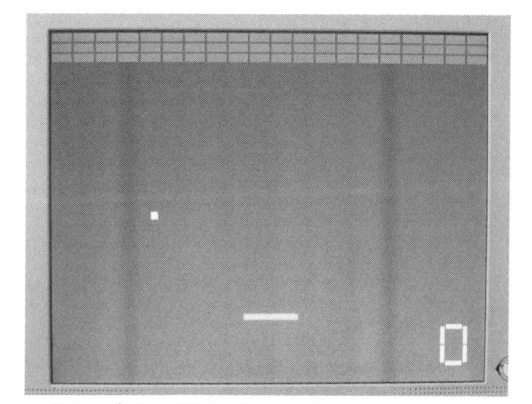

写真2　ブロック崩しゲームの画面

## 二足歩行ロボットの制御回路の設計

（Interface 2004年6月号）

19ページ

　この記事では，二足歩行ロボット・システム（写真3）全体の構成を解説しています．二足歩行ロボットをうまく動かすためには，モータを動かすための制御信号をいかに速く出力するかが重要です．RCサーボ制御信号発生回路にCPLDを活用しています．

写真3
二足歩行ロボット・システム

# 特集 FPGAを活用した組み込みシステム設計入門

(Interface 2006年1月号)

全77ページ

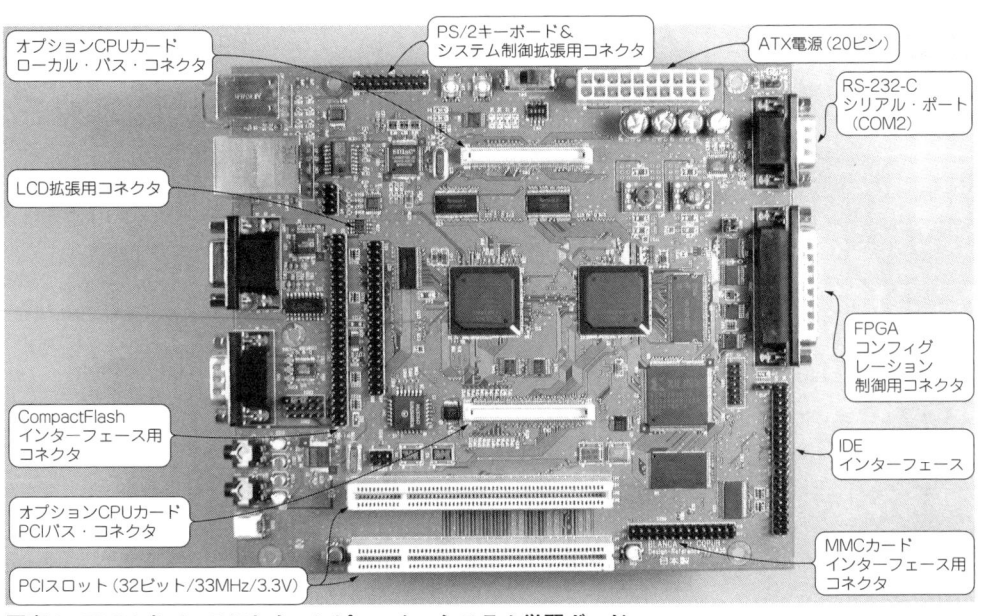

FPGAをベースにしたコンピュータ・システム学習ボード(写真4)を題材に，バス・インターフェースや各種コントローラを解説する特集です．コンピュータ・システムを実現するために用意する各種コントローラは，全てFPGAを使って設計します．

・こうして"コンピュータ・システム技術学習キット"は完成した！(2ページ)

「コンピュータ・システム学習キット」が誕生した背景を説明しています．

・シリアルI/Oコントローラ設計入門(14ページ)

シリアル通信で基本となる，シフト・レジスタを使ったシリアル-パラレル変換回路を詳細に解説しています．

・調歩同期式シリアル・コントローラ設計入門(12ページ)

シリアル-パラレル変換回路を発展させて，調歩同期式シリアル通信に対応したシリアル・コントローラを設計しています．

・I/Oモジュールとシステム・バスの接続技法(15ページ)

シリアル・コントローラをはじめとするI/Oモジュールをバス・システムに接続するために，バス・インターフェースの動作について解説しています．

・PS/2ホスト・コントローラの設計事例と補足説明(5ページ)

マウスやキーボードを使えるようにするためのPS/2ホスト・コントローラを設計しています．

・アナログRGBビデオ出力回路設計入門(9ページ)

ディスプレイ表示のために用いるアナログRGBビデオ信号について解説しています．画像表示の基礎として，カラー・バー表示まで行っています．

・SDRAM対応グラフィックス・コントローラ設計入門(9ページ)

フルカラー・グラフィックス表示を実現する際にビデオ・メモリとして用いるSDRAMの使い方を解説しています．

・『コンピュータ・システム技術学習キット』の全貌(6ページ)

特集で利用しているFPGAボードの仕様などについて詳しく説明しています．

・MicroBlaze用クロス・コンパイル環境の構築技法(5ページ)

ソフト・マクロのCPUコアであるXilinx社のMicroBlazeのためのソフトウェア開発環境について説明しています．

写真4　FPGAをベースにしたコンピュータ・システム学習ボード

## 学習キットの各部の構成

(Interface 2006年2月号)　　5ページ

Interface 2006年1月号で用いた学習キットについて，
・FPGAのコンフィグレーション回路
・クロックとシステム制御信号
・メモリ，音声，画像，ストレージ，USB，シリアルI/O，PS/2などの回路のブロック図
といった仕様の詳細について解説しています．

## PCIパラレルI/Oボードの設計&製作

(トランジスタ技術 2001年7月号)　　11ページ

パソコンのPCIスロットに挿入して利用するパラレルI/Oボードの設計事例です（**写真5**）．SPLDと汎用ロジックICだけのシンプルな回路構成で実現しています．PCIバス・インターフェースについても詳しく解説しています．

写真5　PCIパラレルI/Oボード

## 自立型4脚ロボットの製作

(トランジスタ技術 2001年8月号)　　13ページ

知能ロボット・コンテストに参加した自立型4脚ロボット（**写真6**）の製作事例です．インターフェース基板でFPGAが用いられています．記事では，FPGAの役割について詳しく解説しています．

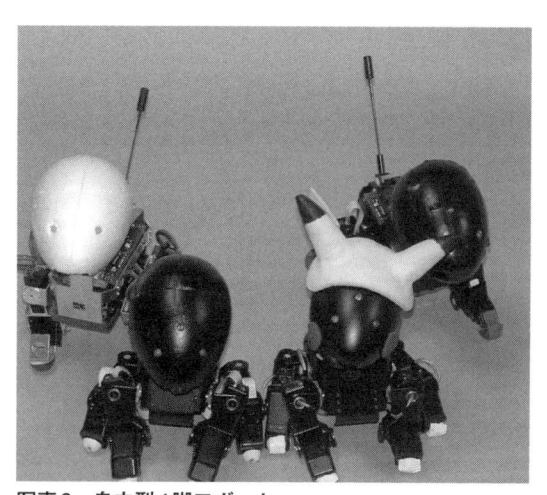

写真6　自立型4脚ロボット

## FPGAを使った簡単で応用範囲の広い周波数カウンタ/ワンチップ・マイコンでATAPIデバイスを制御する方法/電源回路におけるショート試験対策

(トランジスタ技術 2005年1月号)　　4ページ

トラ技サーキット・ライブラリというコーナの記事です．周波数カウンタの設計事例で，CPLD（記事タイトルはFPGAだが，回路図ではCPLD）が使われています．

## USBロジック・アナライザ&パターン・ジェネレータの製作

(トランジスタ技術 2006年8月号)　12ページ

　トランジスタ技術 2006年4月号に付属したCPLD基板を利用したロジック・アナライザ&パターン・ジェネレータの製作事例です(**写真7**).

　観測する信号の取り込みとバッファ・メモリへの記録,信号パターンの発生などのためにCPLDを利用しています.

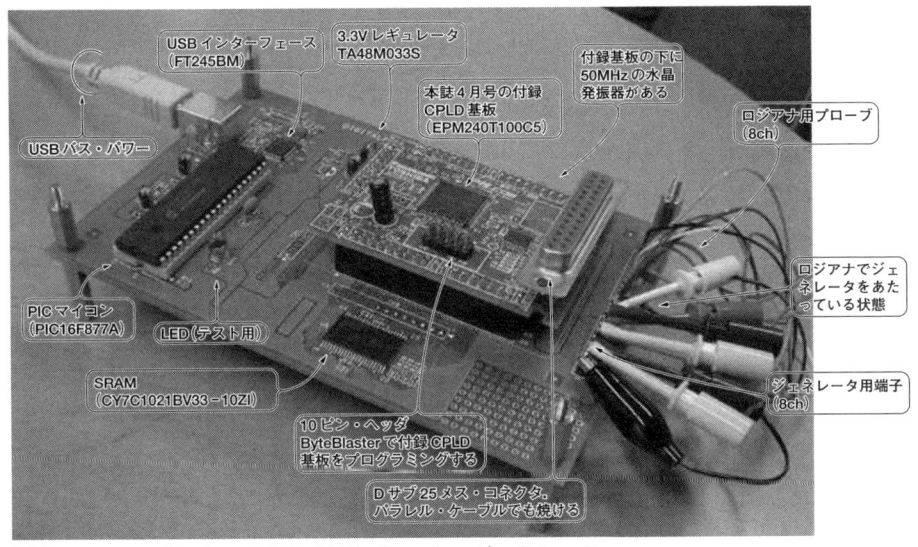

**写真7**　USBロジック・アナライザ&パターン・ジェネレータ

## ディジタル・スチル・カメラを自作する!

(トランジスタ技術 2005年2月号)　17ページ

　33万画素のCMOSカメラ・モジュールを用いたディジタル・スチル・カメラの設計事例です(**写真8**).画像データの列変換処理や,メモリ・カードの制御でCPLDを活用しています.

**写真8**　ディジタル・スチル・カメラ

## 周波数可変の正弦波発生器

(トランジスタ技術 2007年9月号)　8ページ

　トランジスタ技術 2006年4月号に付属したCPLD基板を利用した正弦波発生器の製作事例です(**写真9**).DDS(Direct Digital Synthesizer)の仕組みや,CPLDの回路を設計するためのツールの使い方についても説明があります.

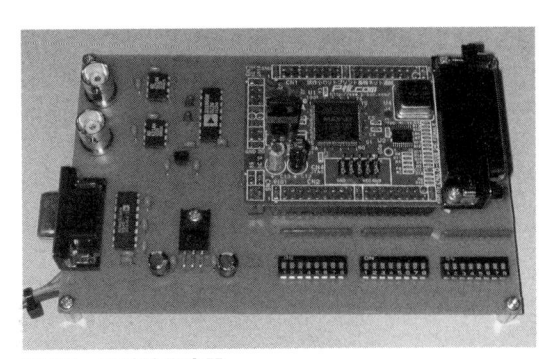

**写真9**　正弦波発生器

## 2Wayスピーカ用チャネル・ディバイダの製作

（トランジスタ技術 2008年10月号） **10ページ**

2ウェイ・スピーカで音を鳴らす際に，入力されてきた音声信号を高音部と低音部に信号を分けるチャネル・ディバイダの製作事例です（**写真10**）．音声信号のシリアル-パラレル/パラレル-シリアル変換や，操作パネル制御でトランジスタ技術2006年4月号に付属したCPLD基板を利用しています．

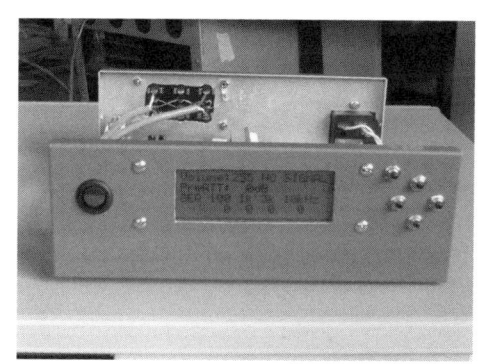

写真10 2ウェイ・スピーカ用チャネル・ディバイダ

## 帯域50MHzのスペクトラム・アナライザの製作

（トランジスタ技術 2009年3月号） **14ページ**

スペクトラム・アナライザの製作事例です（**写真11**）．50MHz帯域はマイコンやDSPでは実現が困難なため，FPGAを活用しています．A-D変換以外は全てFPGAで処理しています．

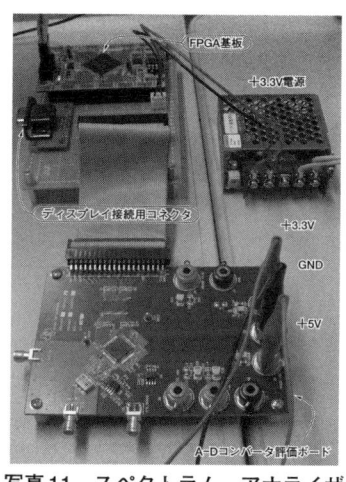

写真11 スペクトラム・アナライザ

## マルチチャネル信号発生器の製作

（トランジスタ技術 2009年3月号） **9ページ**

3チャネル信号発生器の製作事例です（**写真12**）．FPGAベンダが提供しているFPGA開発キットに，R-2Rラダー抵抗方式のD-Aコンバータを拡張しているだけなのでハードウェアは簡単に製作できます．

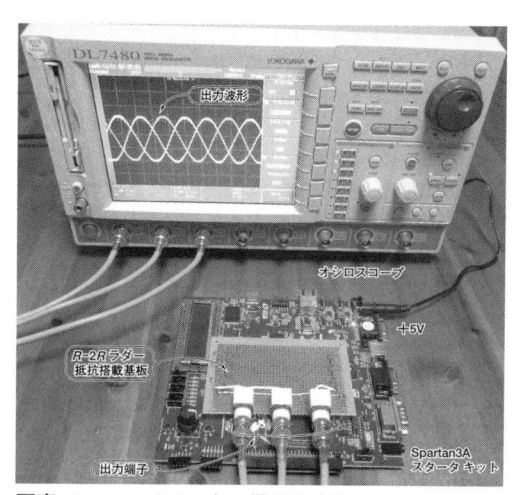

写真12 マルチチャネル信号発生器

## 拡張自在なLEDディスプレイの製作

（トランジスタ技術 2009年3月号） **10ページ**

16×32ドットのLEDディスプレイの製作事例です（**写真13**）．パソコンで作成したビットマップ画像をスクロールしながら表示させることができます．CPLDやFPGAの基礎についての解説もあります．

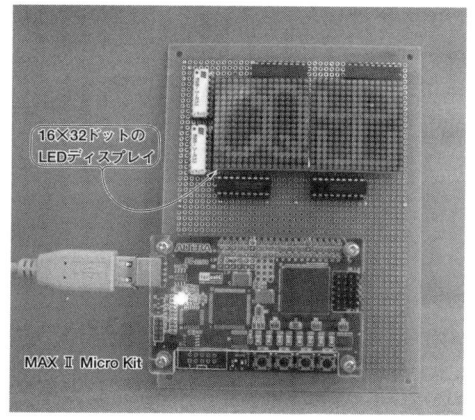

写真13 16×32ドットのLEDディスプレイ

## CMOSイメージ・センサ画像処理ボードの設計

(トランジスタ技術 2009年7月号)　10ページ

　CMOSイメージ・センサが出力する画像をディスプレイに表示しながらストレージに保存する回路の設計事例です(**写真14**)．画像の取り込みや表示，ストレージへのデータ記録のためのタイミング生成などでFPGAを活用しています．

写真14　CMOSイメージ・センサ画像処理ボード

## 発生頻度を濃淡で表現！ディジタル・オシロスコープの製作

(トランジスタ技術 2010年10月号)　6ページ

　電子工作などで活用できる40 MHzサンプリングのディジタル・オシロスコープの設計事例です(**写真15**)．画面解像度不足でつぶれしまう波形を濃淡で表示する機能があり，その仕組みについても詳しく解説しています．

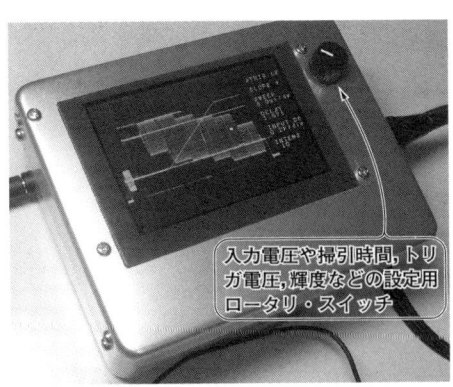

入力電圧や掃引時間，トリガ電圧，輝度などの設定用ロータリ・スイッチ

写真15　ディジタル・オシロスコープ

## コンポジット-アナログRGB変換器の製作

(トランジスタ技術 2010年6月号)　7ページ

　Design Wave Magazine 2007年7月号に付属したFPGA基板を使ったコンポジット-アナログRGB変換器の製作事例です(**写真16**)．画像フォーマット変換や画像の補間処理をFPGAで実現しています．

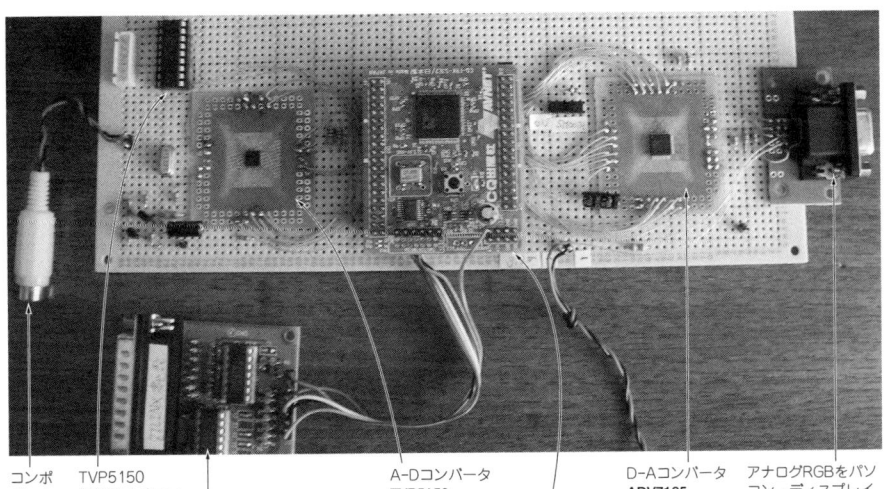

コンポジット・ビデオ入力
TVP5150 制御用マイコン PIC16F88
FPGA ダウンロード基板 (本誌2008年1月号付属)
A-Dコンバータ TVP5150
FPGA基板(**SPARTAN-3E**) (Design Wave Magazine 2007年7月号付属)
D-Aコンバータ ADV7125
アナログRGBをパソコン・ディスプレイへ出力DSUB-15ピンコネクタ

写真16　コンポジット-アナログRGB変換器

# FPGA周辺回路設計

## 安定動作のための回路
（Design Wave Magazine 2008年10月号）

**7ページ**

　FPGAを用いた設計で活用できる周辺回路と，それを制御するためのHDL記述例です．コンフィグレーション関連や通信など，堅牢なシステムを実現するために必要な事例を紹介しています．
- フラッシュ・メモリとCPLDを用いた大規模FPGAの起動回路
- 調歩同期のシリアル通信を行う回路

## 特集 CPLD/FPGA活用回路＆サンプル記述集
（Design Wave Magazine 2008年10月号）

**全52ページ**

　第一線で活躍するエンジニアが，FPGAを活用した設計で実際に活用している回路とHDL記述をまとめた特集です．

- **開発期間短縮のために設計資産を活用しよう（2ページ）**
  設計資産の再利用方法についての解説です．
- **アナログ信号入出力回路(7ページ)**
  アナログ信号の入出力の事例です．
  ① A-Dコンバータを利用したアナログ入力回路
  ② D-Aコンバータを利用してアナログ波形を生成する回路
  ③ 発振周波数を任意に設定できる数値制御型発振器
- **モータやLEDを駆動するパワー回路(14ページ)**
  モータを駆動したり，LEDを点灯させたりするために用いるパワー回路の事例です．
  ① 1個または複数の7セグメントLEDをFPGAから直接駆動する回路
  ② パルスのデューティ比を変えて白色LEDの明るさを調整する回路
  ③ デューティ比をリニアに設定できるPWMパルス生成回路
  ④ パワー・デバイスをスイッチするためのデッド・タイム生成回路
  ⑤ 2相ユニポーラ・ステッピング・モータの制御回路
  ⑥ IGBTモジュールを利用したブラシレス・モータ駆動回路
- **ビデオ信号処理回路(29ページ)**
  ビデオ信号をFPGAの中で処理する際に使うHDL記述の事例です．
  ① ディジタル・ビデオ向けタイミング・ジェネレータ
  ② 4ライン構成のライン・バッファ
  ③ 3×3画素のフィルタによるビデオ・ノイズ除去回路
  ④ 液晶ディスプレイ・モジュールの制御回路
  ⑤ 地上アナログ方向向けの各種同期信号を生成する回路
  ⑥ 画像表示変換回路

## 2ポートSRAMを利用し非同期クロック間のデータ送受信用FIFOを作成

（Design Wave Magazine 2008年12月号）　**2ページ**

　非同期信号のインターフェースではFIFOメモリがよく使われます．FPGAにハード・マクロで内蔵されているFIFOメモリを使った際に生じる問題と，外付けの2ポートSRAMを使ってFIFOを構成する例について紹介しています．

## FPGAによるMMCカード・コントローラの設計事例

（Interface 2006年3月号）　**12ページ**

　マイコンでソフトウェア制御するよりも高速にMMC（MultiMediaCard）へアクセスするために，FPGAを活用する方法の解説です．MMCインターフェースのプロトコル処理をハードウェア化したコントローラを設計しています（**写真17**）．

**写真17　MMCカード・インターフェース**

## オプションCPUカード SH-4A（SH7780）の設計

（Interface 2008年6月号）　**13ページ**

　コンピュータ・システムの学習を目的として開発されたFPGAボード「組み込みシステム開発評価キット」を活用する連載の一つです．FPGAボードに実装するSH-4マイコン・ボード（**写真18**）の設計について解説しています．

**写真18　FPGAボードに実装するSH-4マイコン・ボード**

## FRマイコンから拡張ベースボードを制御する

（Interface 2008年6月号）　**8ページ**

　Interface 2008年5月号に付属したFRマイコン基板で，SH-2 & V850基板対応の拡張ベースボード（**写真19**）を活用する方法を解説しています．これを実現するために，拡張ベースボード上にあるCPLDの回路を設計し直しています．

**写真19　SH-2 & V850基板対応の拡張ベースボードに搭載したFRマイコン基板**

# コンフィグレーション

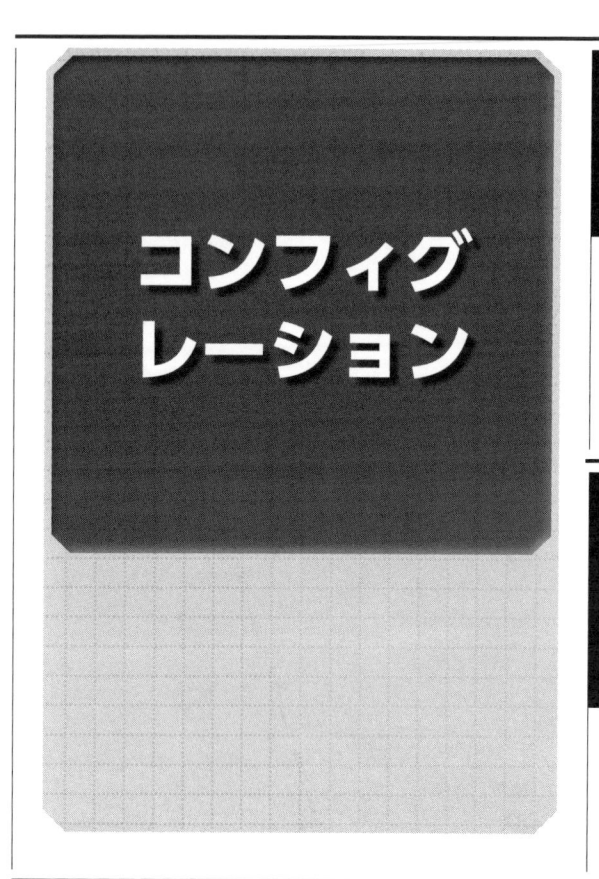

## FPGAのコンフィグレーション基礎知識

（Design Wave Magazine 2007年11月号）

**Altera編12ページ** **Xilinx編11ページ**

複数あるコンフィグレーションのモードや，各モードで使用する回路について説明しています．Altera編ではCyclone IIIを，Xilinx編ではVirtex-4/5とSpartan-3/E/A/AN/A DSPを例に，それぞれ具体的に解説しています．

## アルテラのFPGAをUSB経由でJTAG操作する方法／マイコンのD-A出力数や分解能が不足したときの対策

（トランジスタ技術 2005年6月号） **4ページ**

USB-シリアル変換ICを使ってFPGAのJTAG端子を制御する回路を解説しています．コンフィグレーションのほか，簡易ロジック・モニタとしても利用できるソフトウェアも紹介しています．

## コンフィグレーションを理解してFPGAを"確実"に動かそう

（Design Wave Magazine 2008年11月号）
**9ページ**

FPGAの起動時にコンフィグレーションの完了を確認する際にDONE信号を使用することがあります．しかし実際には，DONE信号が変化してもFPGAが使用できる状態にはなっていません．この記事では，コンフィグレーション動作の詳細と，確実に動作させるための信号の扱い方を解説しています（**図3**）．

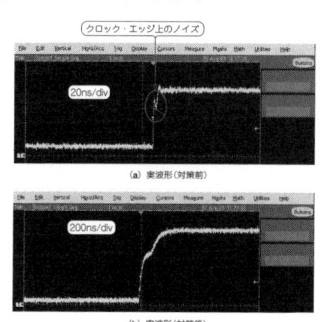

図3 コンフィグレーション・クロックの信号品質

## PIC16F84でアルテラ社FPGAをコンフィギュレーション

（トランジスタ技術 2005年1月号） **8ページ**

RS-232-Cインターフェースを使ってFPGAコンフィグレーションを可能にする回路の設計事例です（**写真20**）．記事掲載当時は，FPGAのコンフィグレーションにパソコンのパラレル・ポートを使っていました．しかし，ノート・パソコンなどでパラレル・ポートを利用できない問題が起こりはじめました．

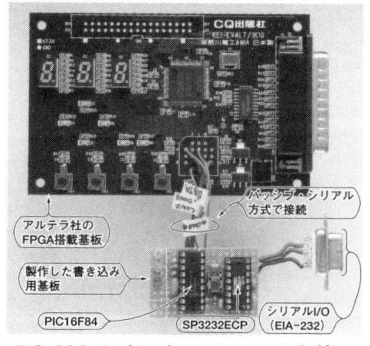

写真20 RS-232-Cインターフェースを使ってFPGAコンフィグレーションを可能にする回路の製作

## RS-232Cシリアル-JTAG変換基板の製作

（トランジスタ技術 2006年11月号）　6ページ

パソコンのRS-232-C通信を使ってFPGAをコンフィグレーションすることのできるRS-232Cシリアル-JTAG変換基板の製作事例です（**写真21**）．JTAG信号の制御には78Kマイコンを使用しています．

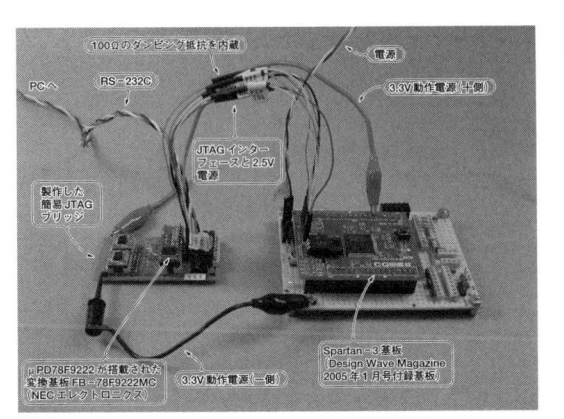

写真21　RS-232Cシリアル-JTAG変換基板

## USB接続のFPGA書き込みツール

（トランジスタ技術 2009年6月号）　10ページ

トランジスタ技術2008年8月号に付属した78K0マイコン基板を使って，USB接続のFPGA書き込みツールを製作しています（**写真22**）．フリー・ソフトウェアと併用することで，Xilinx社のFPGA開発ツールの書き込み機能iMPACTから直接使えます．

写真22　USB接続のFPGA書き込みツール

## 480 Mbps ハイ・スピード対応のUSBコントローラ FT2232H

（トランジスタ技術 2010年2月号）　10ページ

FTDI社のUSB-シリアル変換ICであるFT2232Hの通信速度を評価した実験記事です．通信速度の評価では，FPGAやCPLDのコンフィグレーションを行う回路と自作のソフトウェア・ツール（**図4**）を利用しています．

図4　FPGAやCPLDのコンフィグレーション・ソフトウェア

## USBで使えるFPGAダウンロード・ケーブルの製作

（トランジスタ技術 2010年3月号）　10ページ

市販のUSBマイコン・ボードを利用して，パソコンのUSBインターフェースからAltera社のFPGAをコンフィグレーションするケーブルを製作しています（**写真23**）．FPGAのコンフィグレーションをマイコンから行うためのソフトウェアは，FPGAベンダが提供しているものを利用しています．

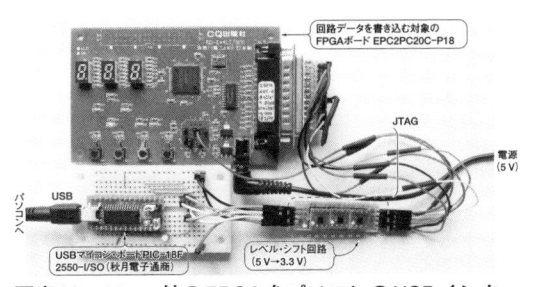

写真23　Altera社のFPGAをパソコンのUSBインターフェースからコンフィグレーションするケーブル

**FPGA/PLD入門記事全集**

## FPGAのための
## 電源設計基礎知識《Altera編》

（Design Wave Magazine 2008年3月号）

**4ページ**

　先端プロセスで製造される大規模FPGAは，多数の電源端子を持ち，複数の電圧を供給しなければ動作しません．この記事では，Altera社のFPGAが持つ電源端子の種類と注意点をまとめています．

## FPGA電源端子一覧《Xilinx編》

（Design Wave Magazine 2008年3月号）

**1ページ**

　Xilinx社のFPGAのうち，90 nmプロセスで製造されているVirtex-4とSpartan-3/E/A/AN/A DSP，65 nmプロセスで製造されているVirtex-5，CPLDのCoolRunner-IIが持つ電源端子をまとめています．

## FPGAユーザのための
## 電源回路設計

（Design Wave Magazine 2008年3月号）

**5ページ**

　FPGAのコア電源は，低電圧化・大電流化しているため，トラブルの原因となりがちです．この記事では，FPGA向けの電源回路を設計する際の注意点を具体的に説明しています．

## FPGA向け電源回路設計事例集

（Design Wave Magazine 2008年3月号）

**22ページ**

　FPGAを採用した機器で実際に用いられている電源回路として，以下の事例を紹介しています．
・高速データ処理向け大規模FPGA搭載PCI Expressカードの電源設計事例
・大規模FPGA搭載PCI Express評価ボードの電源設計事例
・ディジタル信号処理向け高性能FPGA搭載ボードの電源設計事例
・低コストFPGAを搭載するPCI Expressボードの電源設計事例
・低コストFPGA向けスイッチング・レギュレータ回路の設計事例
・小規模FPGA向けスイッチング・レギュレータ回路の設計事例
・高性能FPGA向けスイッチング・レギュレータ回路の設計事例
・小規模FPGA向けリニア・レギュレータ回路の設計事例

## POLコンバータ・モジュールの基礎と最新動向

(トランジスタ技術 2004年10月号) 　10ページ

　最先端プロセス技術で製造される高性能FPGAでは，コア電源が低電圧化・大電流化した影響で，電源周りでトラブルが発生しがちです(**図5**)．この記事では，電源の低電圧化・大電流化でトラブルが起こる原因や，FPGAの近傍に配置できる電源モジュールの特徴について解説しています．

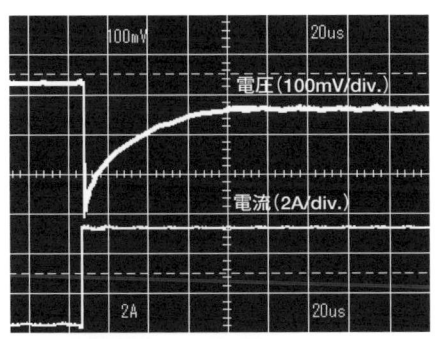

図5　電流変動により電圧降下が起こっているFPGA電源の波形

## 低電圧・高速応答電源の実力

(トランジスタ技術 2007年8月号)　 16ページ

　コア電源が低電圧化・大電流化しているFPGAで利用可能な仕様の電源部品について，高速応答特性を計測しています(**写真24**)．電源部品の選定方法や応答特性の改善方法についても解説しています．

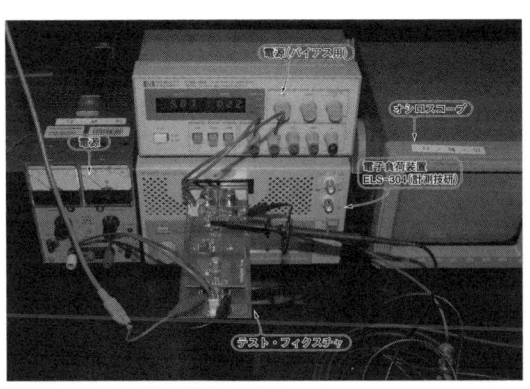

写真24　応答特性試験の様子

## 設計技術情報

## フラッシュFPGAを採用した理由 《Latticeデバイス編》

(Design Wave Magazine 2005年10月号)

4ページ

　業務用のハイビジョン対応ビデオ・カメラ(**写真25**)に，フラッシュ方式のFPGAを利用した背景を，購買担当者の視点から説明しています．部品の選定基準や，技術面と購買面の両面からの選定理由を説明しています．

写真25　フラッシュFPGAを採用した業務用のハイビジョン対応ビデオ・カメラ

## FPGAのI/O端子を理解して使っていますか

（Design Wave Magazine 2006年10月号）

**4ページ**

　FPGAのI/O端子は，さまざまなI/O規格に対応させることができたり，出力電流を調整したりできます．この記事では，Altera社のCyclone IIと，Xilinx社のSpartan-3のI/O端子の仕組みと機能を説明しています．

## MAX II シリーズ EPM240 ほか

（トランジスタ技術 2008年10月号）　**1ページ**

　定番部品としてMAX IIシリーズEPM240を紹介しています．

## FPGAやCPUを動かしたい場合

（トランジスタ技術 2007年3月号）　**12ページ**

　電源回路の特集記事の一部です．1.5 V～2.5 Vの電源回路が集められています．
・制御ICを使う2.5 V/2 A出力電源
・制御ICを使う1.8 V/2 A出力電源
・制御ICを使う7 A級の2出力電源
　（2.5 V/7 A＋1.5 V/5 A）
・設計が簡単な7 A級2出力電源
　（2.5 V/7 A＋1.5 V/5 A）
・モジュール・タイプの2 A級2出力電源
　（2.5 V/2 A＋1.5 V/0.5 A）
　高速POL（Point of Load）コンバータの評価方法や，低電圧FPGAに対応する電源構成についての解説もあります．

## 新興ベンダの不揮発性低消費電力FPGAを使ってみた

（Design Wave Magazine 2009年2月号）

**8ページ**

　SiliconBlue Technologies社（2011年にLattice Semiconductor社が買収）の不揮発性FPGA iCE65ファミリの仕様や開発ツールを取り上げています．また，評価ボードを利用して実際に設計を行い，部品やツールについてレビューしています（写真26）．

写真26　iCE65ファミリの評価ボードと消費電流の計測

## フラッシュ・メモリの高速化技術と最新の不揮発性メモリの動向

（Design Wave Magazine 2008年5月号）

**12ページ**

　多くのFPGAは，回路情報を保持するために不揮発性メモリを併用する必要があります．また，一部のFPGAは，回路情報の保持にフラッシュ・メモリのような不揮発性メモリを使用します．低コストFPGAでは，汎用のSPIシリアル・フラッシュ・メモリを使うことができます（写真27）．この記事は，FPGAの利用に特化した内容ではありませんが，不揮発性メモリの動向について説明しています．

写真27　少ピン・パッケージのシリアル・フラッシュ・メモリの例

## NIWeek 2008 レポート

(トランジスタ技術 2008年10月号)　4ページ

National Instruments社主催のカンファレンス「NIWeek 2008」のレポート記事です．マルチコアやFPGAを使った計測データの並列処理の簡略化がテーマでした(**写真28**)．

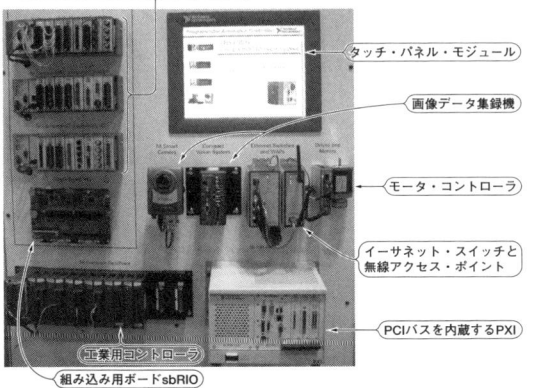

写真28　FPGAモジュールを利用した計測システムのデモンストレーション

## NIWeek09 レポート

(トランジスタ技術 2009年11月号)　4ページ

National Instruments社主催のカンファレンス「NIWeek09」のレポート記事です．FPGA設計をグラフィカルに行うシステム・デザイナ(**写真29**)についての講演がありました．

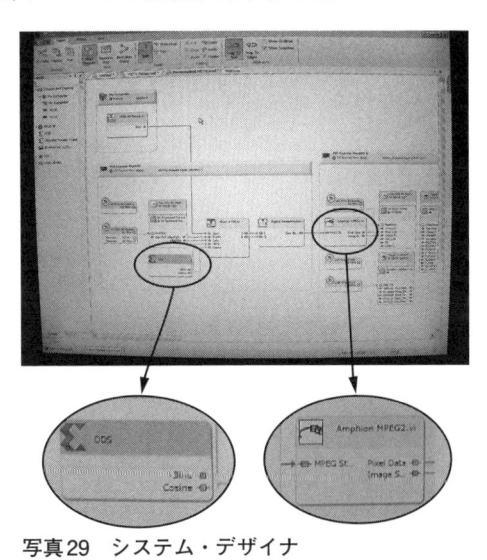

写真29　システム・デザイナ

## USB接続のFPGA学習用ボードDE0誕生

(トランジスタ技術 2010年7月号)　5ページ

Terasic社のFPGAボードであるAltera DE0 Boardについて紹介しています(**写真30**)．パソコンのUSBインターフェースを使ってFPGAの回路情報を書き込むことが可能になった低価格のボードです．ソフト・マクロのCPUコアNios IIの実装方法についても解説しています．

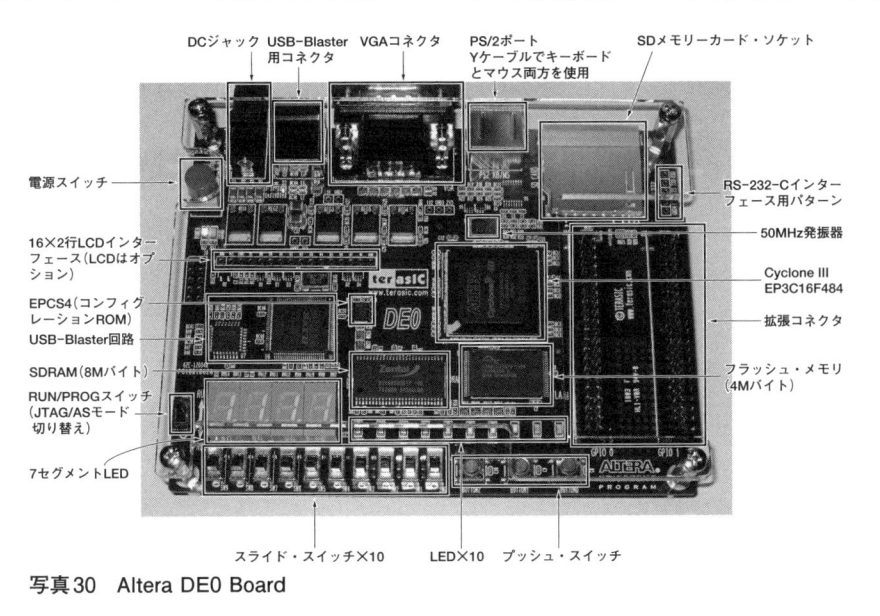

写真30　Altera DE0 Board

- **●本書記載の社名，製品名について** ─ 本書に記載されている社名および製品名は，一般に開発メーカーの登録商標または商標です．なお，本文中では™，®，©の各表示を明記していません．
- **●本書掲載記事の利用についてのご注意** ─ 本書掲載記事は著作権法により保護され，また産業財産権が確立されている場合があります．したがって，記事として掲載された技術情報をもとに製品化をするには，著作権者および産業財産権者の許可が必要です．また，掲載された技術情報を利用することにより発生した損害などに関して，CQ出版社および著作権者ならびに産業財産権者は責任を負いかねますのでご了承ください．
- **●本書付属のCD-ROMについてのご注意** ─ 本書付属のCD-ROMに収録したプログラムやデータなどは著作権法により保護されています．したがって，特別の表記がない限り，本書付属のCD-ROMの貸与または改変，個人で使用する場合を除いて複写複製(コピー)はできません．また，本書付属のCD-ROMに収録したプログラムやデータなどを利用することにより発生した損害などに関して，CQ出版社および著作権者は責任を負いかねますのでご了承ください．
- **●本書に関するご質問について** ─ 文章，数式などの記述上の不明点についてのご質問は，必ず往復はがきか返信用封筒を同封した封書でお願いいたします．勝手ながら，電話でのお問い合わせには応じかねます．ご質問は著者に回送し直接回答していただきますので，多少時間がかかります．また，本書の記載範囲を越えるご質問には応じられませんので，ご了承ください．
- **●本書の複製等について** ─ 本書のコピー，スキャン，デジタル化等の無断複製は著作権法上での例外を除き禁じられています．本書を代行業者等の第三者に依頼してスキャンやデジタル化することは，たとえ個人や家庭内の利用でも認められておりません．

[R]〈日本複製権センター委託出版物〉
本書の全部または一部を無断で複写複製(コピー)することは，著作権法上での例外を除き，禁じられています．本書からの複製を希望される場合は，日本複製権センター(TEL：03-3401-2382)にご連絡ください．

CD-ROM付き

本書に付属のCD-ROMは，図書館およびそれに準ずる施設において，館外へ貸し出すことはできません．

# FPGA/PLD入門記事全集 [2200頁収録CD-ROM付き]

編　集　トランジスタ技術編集部
発行人　寺前 裕司
発行所　CQ出版株式会社
　　　　〒170-8461　東京都豊島区巣鴨1-14-2
電　話　編集 03-5395-2123
　　　　販売 03-5395-2141
振　替　00100-7-10665

ISBN978-4-7898-4567-0

2014年6月1日　初版発行
©CQ出版株式会社 2014
(無断転載を禁じます)

定価は裏表紙に表示してあります
乱丁，落丁本はお取り替えします

編集担当者　西野 直樹
DTP・印刷・製本　三晃印刷株式会社
表紙・扉・目次デザイン　近藤企画　近藤 久博
Printed in Japan